地域資源を活かす

田中 求　宍倉佐敏
冨樫 朗 著

生活工芸双書

楮（こうぞ）・三椏（みつまた）

農文協

植物としてのコウゾ・ミツマタ・ガンピ

●樹齢100年を超えるコウゾの古株
栽培を続ける高知県いの町の黒石正種さん

コウゾ

コウゾのおもな品種　葉は互生、形状は卵形・麻葉状など

●カナメ／脇芽が少なく、栽培しやすい

●タオリ／収量が多く歩留まりがよい。脇芽はやや多いがヤケは少ない

●アカソ
薄い和紙に向く

●石州コウゾ（マソ）
石州半紙の原料となる

●大子（那須）コウゾ／本美濃紙などに好んで使われる

コウゾの花

●コウゾの雄花

●コウゾの雌花

コウゾの果実と種子

●6月頃赤く熟したコウゾの果実
甘みはあるが美味ではない

●コウゾの種子（上）と果実

ミツマタ

●静岡種の形状
樹高1～2mの落葉低木で、枝は3つに分かれて伸びる

●ミツマタの種子
緑の果肉から取り出した水滴形の種子

●落下間近のミツマタの果実

ガンピ

●ガンピの形状／ジンチョウゲ科。樹高2～3m、5～6月に淡黄色または白色の花を付ける

（写真：小倉隆人・協力：鹿敷製紙）

和紙を使ったさまざまな工芸品

鹿敷製紙のこと

鹿敷製紙は、江戸時代に24軒あった「土佐藩御用紙漉き」の一つを先祖にもつ。戦後、法人化して68年。今も栽培農家とのつながりを大切にしながら、原料の8～9割は高知県産のコウゾ、ミツマタ、残りも国産の大子（那須）コウゾやガンピで生産を続ける。社屋の2階にある和紙製品の展示室はさながら紙の博物館の趣き。その所蔵品から紹介する。

土佐和紙

●文化財修復用の極薄楮紙
鹿敷製紙の技術で欧米などへの輸出品にもなっている

●表具用土入り和紙

●草木染めの染紙「土佐七色紙」
土佐藩山内家は徳川将軍家へ染紙を献上していた。鹿敷製紙の先々代の濵田繁信・淑子夫妻が古い記録や草木染を研究して開発再現した

●画仙紙

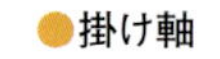

●掛け軸

●ちぎり絵

●和凧

住まい、生活用品・小物

●紙障子と座卓／座卓は、柿渋で染めた渋紙を貼り付けたもの。畳の縁も和紙の渋紙（東京・京雅製）

●クラッチバッグ

●座布団

●名刺入れ／柿渋を使った渋紙を揉み加工している

●壁掛け

●ランプシェード（濵田繁信・作）

●和紙で編んだ草履

●手提げ（村田敬子・作）

●巾着袋

衣類

和紙の糸

和紙の糸とこれを使って織りあげた反物

紙布織に使われた高機

和紙の糸と糸巻き

紙布織のストール／1m×60mの雁皮紙を幅1.5㎜に裁断し、これに絹糸を巻き込んでつくった2000m分の糸で織りあげたもの。雁皮紙と絹糸による紙布は1反分でも500gの軽さ（京都西陣・勝山織物製）

紙子の袖なし羽織

紙布織のベスト（宮本繕彰・作）

藍色の帯／コンニャクを使った揉み紙加工

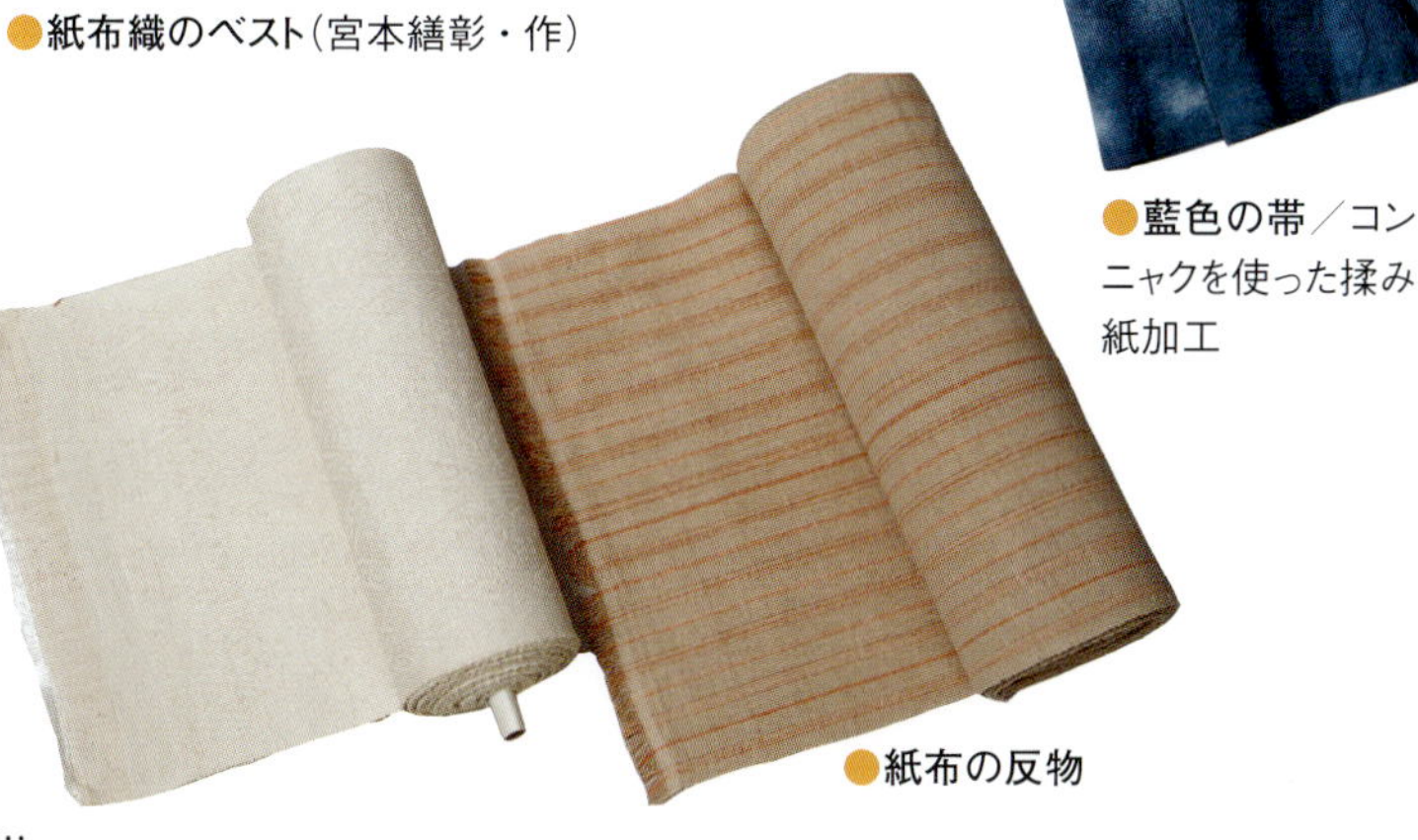

紙布の反物

ネクタイ／藍染の紙布織。黄色はヤマモモなどの草木染め

良質紙には不可欠の「ちり取り」

●黒い点が「ちり」

●丸囲みの部分が「ヤケ」のもとになる

●端のほうにけずりぬかが見える

溜め漉きと流し漉き

●溜め漉き紙の表

●溜め漉き紙の裏

●流し漉き紙の表

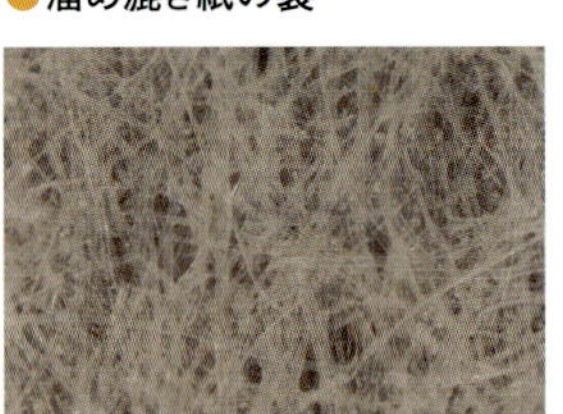

●流し漉き紙の裏

溜め漉きは時計まわりに漉桁を揺動するため仕上がりの紙の繊維は絡み合って無方向だが、流し漉きは捨て水など縦方向での揺動となるので、繊維には垂直の方向性がある。溜め漉きは紙面に厚薄のムラが生じやすいが、流し漉きはネリの作用と揺動により繊維がほぐされているので、紙面にムラが生じない

流し漉きを可能にしたネリ剤。その原料となる植物

●トロロアオイの根

紙を漉く

和紙づくりの基本工程

収　穫
↓
蒸　煮
↓
剥皮・黒皮加工
↓
白皮加工
↓
煮　熟 ← 木　灰
↓
さらし（洗滌）
↓
ちり取り　「ちり」とは、繊維以外の表皮、キズ跡、煮えムラ、ゴミ、虫など
↓
叩　解
↓
原料繊維
↓

流し漉き法による抄紙作業

漉き槽（漉き舟） ← ネリ剤
↓
撹　拌
↓
初水（うぶみず）　浅く少量の紙料液を汲み、簀全体に行き渡らせる
↓
調子（ちょうし）　深く多量に紙料液を汲み、前後に大きく、時に左右にも揺動する。数回繰り返す
↓
捨て水（すてみず）　目指す厚さになったら、漉き簀の中にある紙料液を一気に流し出す

↓
脱　水
↓
乾　燥
↓
裁　断
↓
染　色

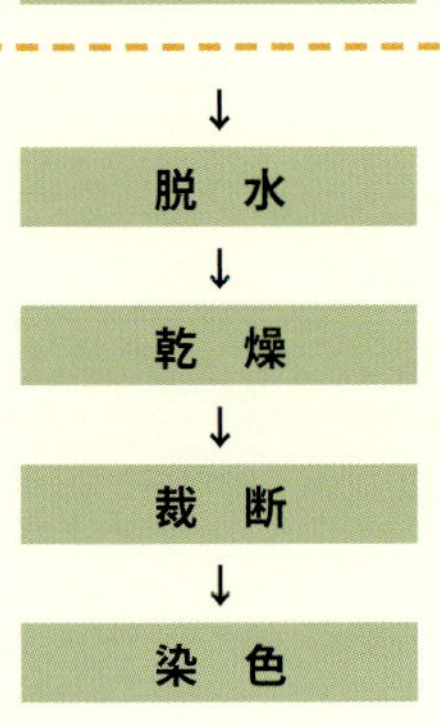

紙を漉く

叩解（写真:小倉隆人・協力:鹿敷製紙）

●機械による叩解
「ドシン・ドシン」という音があたりに響く

●叩解後の繊維

浜田治さん（高知県いの町）の紙漉き（写真:小倉隆人）

●初水

●調子

●紙に模様をつけるための水打ち

●漉いた紙料を漉き簀から紙床（しと）へ移す

和紙の仕上がり具合を見る

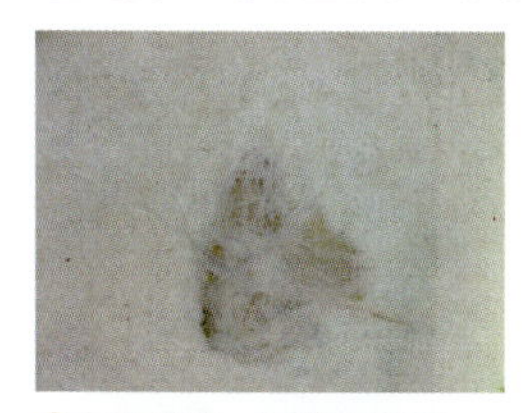

●ちりが残った紙の表面

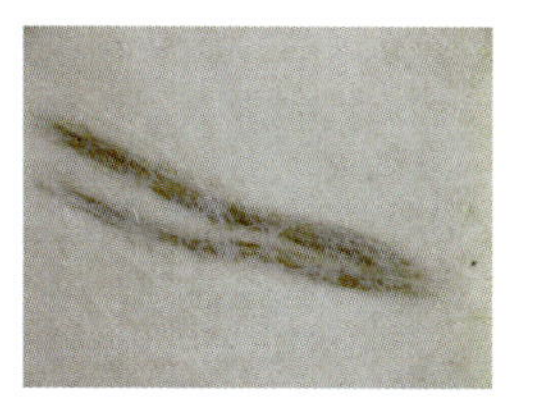

●未蒸解繊維／植物の生育中の虫害・傷・雑菌などにより蒸煮して煮えにくくなった繊維が、叩打や分散作業を経ても残ってしまったもの

●未分散繊維／最初の汲み込み（初水）の際に、簀の上にうまく分散せず残った繊維

各種の和紙（写真:小倉隆人）

①吉野紙（奈良）②芭蕉紙（沖縄）③局紙（福井）④箔合紙（岡山）⑤美栖紙（奈良）⑥石州半紙（島根）⑦土佐典具帖紙（高知）⑧清光箋（高知）⑨麻紙（福井）⑩細川紙（埼玉）⑪出雲民芸紙（島根）⑫鳥の子紙（滋賀）⑬箔打原紙（兵庫）⑭泥間似合紙（兵庫）

コウゾを栽培する

栽培適地　日照・降雨量・傾斜・風通し

●石垣・山畑に育つコウゾ

●高知県いの町柳野集落／標高150～600mで南西から東向き。日照時間は長く、降雨量も多い。傾斜度15～45°で水はけが良く、適度な風が吹き込み通気も良い

栽培のポイント

株から萌芽した枝をいかに伸ばし、いかに皮を厚くするか

●梅雨から夏には5mほど伸びる枝も

●1株から20本も収穫できる株もある

●キノコの生える株は高湿度になっているので要注意

●株からの萌芽

枝を伸ばす

●1株に5～6本を残して剪定

●**脇芽を掻く**／茨城県では6～8月に出てくる脇芽を掻く。高知では脇芽も大きく育てて収穫する

●コンニャクと混植栽培する渡辺庫重さん。施肥はコンニャクと共有。チガヤやススキなどの草肥と牛糞・鶏糞・化成肥料

除草

●**カラムシ**／葉を食害するフクラスズメの発生源になるので必ず除去。2～3月の鍬打ちで、根を切り除いておくのが大事

●**ネナシカズラ**／巻きつくと枯死するので、必ず駆除

収穫

●**束ねた枝**／葉の落ちつくす11月半ば～2月に、大型剪定ばさみで刈る。チェーンソーは避けたい

苗木の育成

●**根萌芽**／春先の鍬打ちで切られた根から出芽したもの。10～11月に掘りあげて苗畑で発根させ苗木に

●挿し木を利用する

コウゾ皮の蒸し剥ぎ

＊は写真：小倉隆人撮影、鹿敷製紙提供

枝を切って長さを揃え束ねる

●6～15束を一つに束ねマルケをつくる

蒸す

●マルケをそのままステンレス製の甑に入れて蒸す（茨城県大子町）

蒸し用の甑（こしき）のいろいろ

●木製

●ステンレス製の甑

●横置き型と考案者の片岡将廣さん

蒸し作業の工夫

●コウゾに灰汁（あく）がつくとちりの原因になる。釜の上に鉄棒を渡し竹製の簾を敷いて灰汁を遮断。釜のダイコンは、水がなくなって焦げればにおいを放つから、空焚き防止になる（大子町）

蒸し上がり

●水を掛けて急冷すると、皮が収縮し芯との間に隙間ができる

皮を剥く

●蒸し上がり後は、布団や麻袋で保温しながら皮を剥く（大子町）

白皮にして出荷

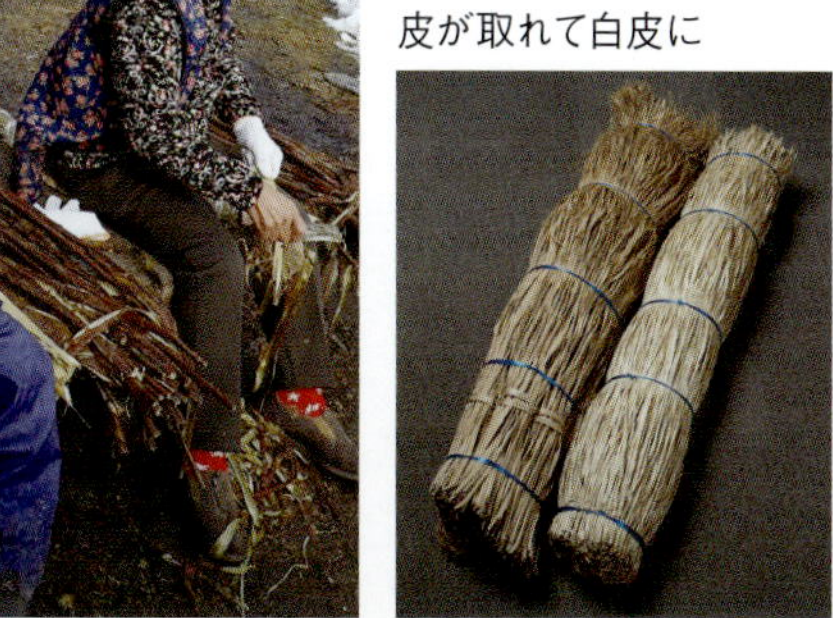

●表皮取り台に黒皮を載せて、斜めに刃をあて皮を除く桐原義一さんら。表皮が取れて白皮に

●出荷品。ミツマタ（左）とコウゾ＊

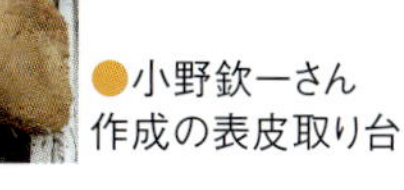

●小野欽一さん作成の表皮取り台

天日に干す

●大きさ、ヤケの有無などで選り分け、10本ほどを束にして2、3日天日干し。写真は作業中の筒井秀太郎さん。乾燥後そのまま黒皮として出荷

●出荷されたコウゾの黒皮（大）＊

和紙の原料となる植物繊維

靭皮繊維

和紙になるコウゾの靭皮繊維。表皮（外皮）の下で、細胞分裂を繰り返す形成層の一部が細長く厚い膜をつくっている部分である

和紙の原料にできる植物の繊維写真

●靭皮繊維利用の植物

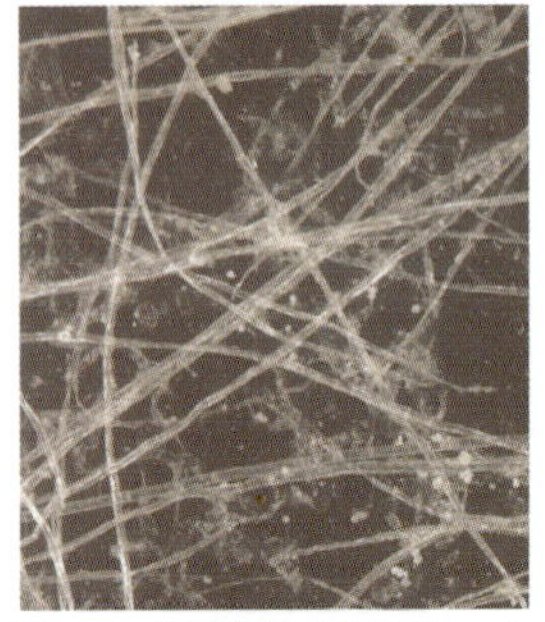

●コウゾの繊維／細く長いのと幅広のとがある

●ミツマタの繊維／筆記適正がよい

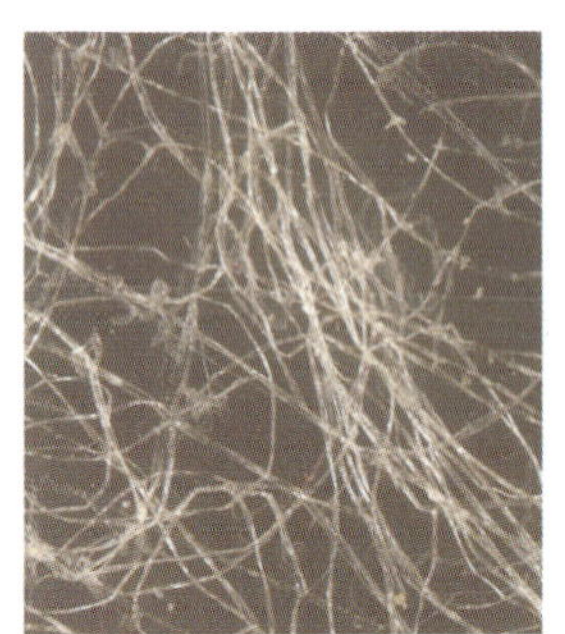

●ガンピの繊維／粘性が強い

●オニシバリの繊維／粘性はガンピより弱い

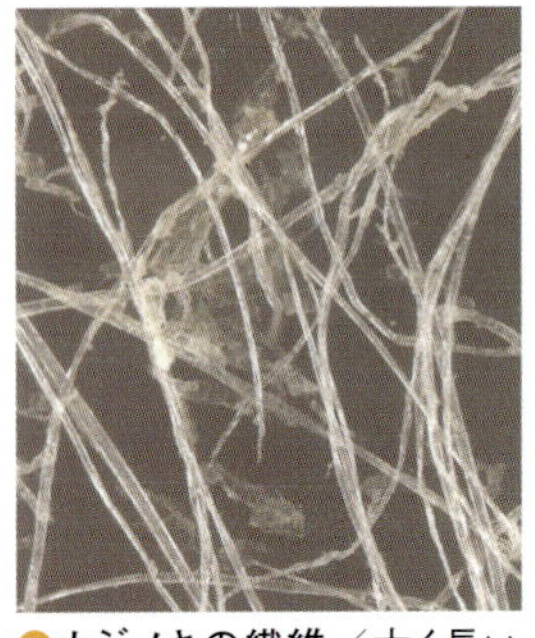

●カジノキの繊維／太く長いのが特徴

●苧麻（カラムシ）の繊維／光沢があり、長く強い

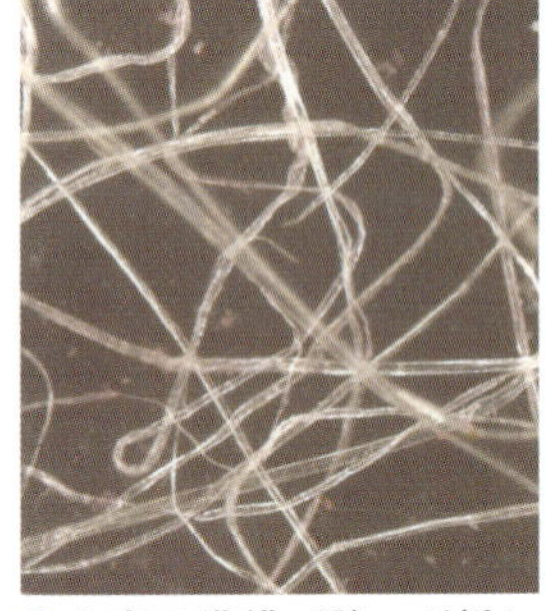

●大麻の繊維／強いが折れやすい

●花実繊維利用の植物

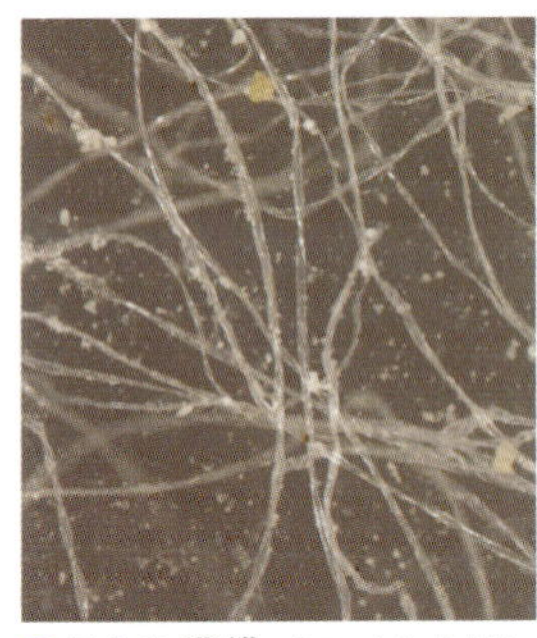

●ワタの繊維／コットンとリンターの2種からなる

●茎幹繊維利用の植物

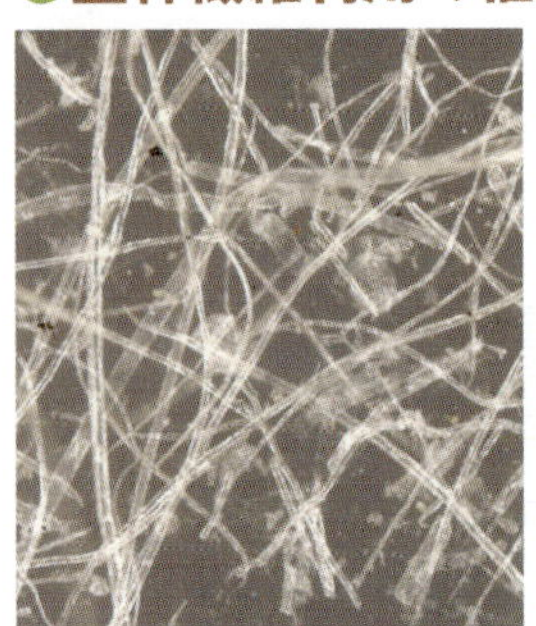

●タケの繊維／密度が高く紙面は滑らか

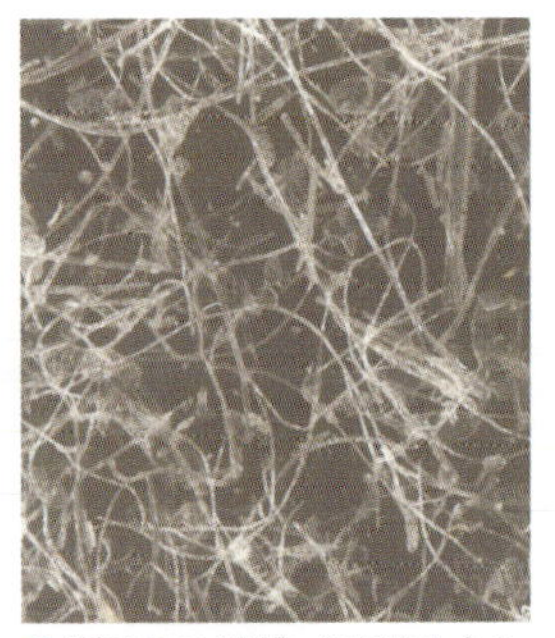

●稲ワラの繊維／珪酸を含み繊維が取り出しにくい

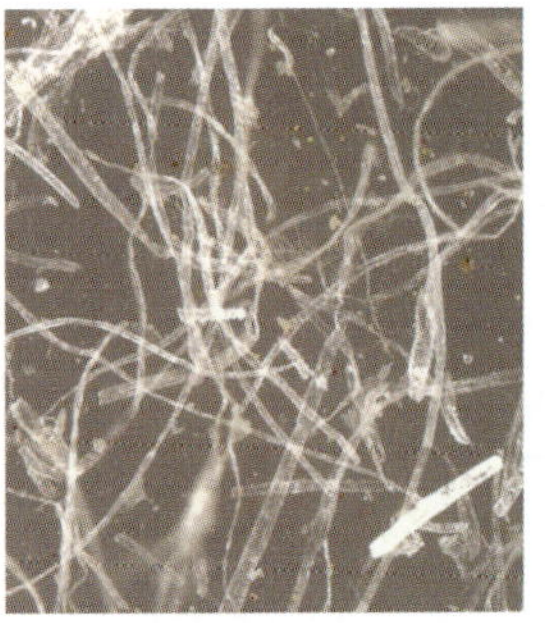

●麦ワラの繊維／パルプ化して紙に

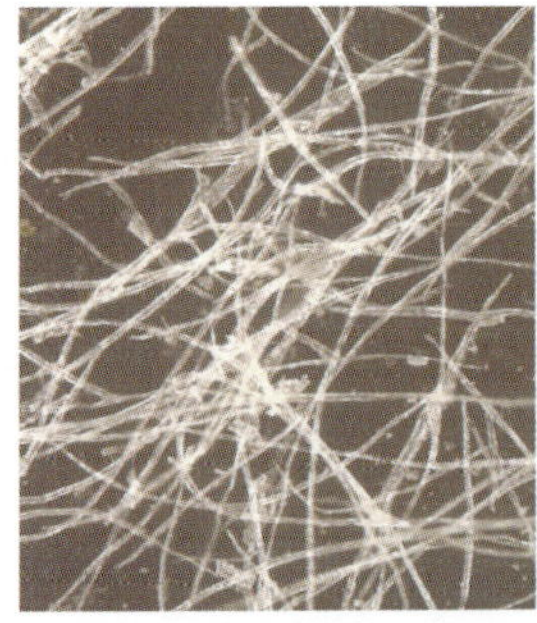

●エスパルトの繊維／麦ワラに似て良質紙になる

はじめに

本書では、コウゾ・ミツマタ・ガンピをおもに取り上げます。楮、三椏、雁皮と漢字にするとほとんど読めませんし、日常お目にかかることも少ないものですが、和紙の原料繊維を提供する植物として1000年以上私たちの生活にかかわってきたものです。

紙にまつわる個人的な記憶をたどってみると、この50年くらいの間に大きく変化したことがわかります。1960年代までは、町の商店街では、古新聞紙を糊付けした自家製の紙袋で商品をくるんでいました。裏が白い折り込み広告があれば、はさみで切り分けて書き物やメモ用紙にしました。1980年代に入ると、コピー機が飛躍的に普及して世の中に広がり、会議の終了後には大量な紙の資料の山が残るという状況になりました。こうしたコピー社会の出現を支えたのは、木質パルプによる紙の大量生産です。当時、田舎へ帰る途中にある町では、駅に列車が停車すると窓からパルプ工場の強烈な薬液の臭いが飛び込んできたものでした。

今、春になって花粉症の季節になると、ティッシュペーパーは必需品です。紙は意識しないでも使えるほど、私たちの生活のなかにあふれています。大量生産・大量消費の象徴のような紙ですが、こうした事態は木質パルプをつくる化学的・物理的技術の発達によって支えられています。大量の紙消費の向こう側には東南アジアなどの山林乱伐の問題も指摘されてきました。

一方、和紙は非木質系の植物繊維からつくられます。原料繊維を提供してくれるのが、コウゾであり、ミツマタであり、ガンピです。これらの植物は成分もセルロースを主体に、紙質を落とすリグニンが少なく、手漉きには有利なヘミセルロースを多く含むという特徴があります。すでに10世紀の頃には、紙漉きの原料液のなかにトロロアオイやノリウツギなどから、ネリとよばれる植物性粘液を取り出して混合することで、「流し漉き」という技法が生み出され、薄い和紙も漉けるようになっています。薬液や機械的な力によってリグニンを破壊して繊維を取り出す必要がないのが、靭皮繊維を利用する和紙です。

1章では、コウゾ、ミツマタ、ガンピの植物としての特徴がまとめられています。コウゾはヒメコウゾとカジノキとの交雑によりさまざまな種類があり、どちらが遺伝的に強いかによって、その特徴が変わるとする説もあります。原料による違いを見分けて活かす技術を培ったのが各地の紙漉き師たちでした。粘性のあるガンピは日本での流し漉き技法につながる植物でした。

2章では、紙になる植物繊維と和紙の製法についてふれています。靭皮繊維を利用するのは、コウゾ、ミツマタ、ガンピ、クワのほか大麻、苧麻（カラムシ）、茎稈（けいかん）繊維を利用する麦ワラ、稲ワラ、サトウキビ、葉繊維を利用するバショウ、バナナなど紙にできる植物全体を鳥瞰しています。製法では、溜め漉き、流し漉き、半流し漉きの技法を詳しく紹介し、最後に実験的に手で紙を漉いてみるやり方を写真で紹介しています。

3章は和紙の鑑定作業ともいうべき「料紙調査」の手法を取り入れながら、和紙の素材や技法の歴史を追っています。4章は各地の和紙を解説し、8ページと140ページに現在の手漉き和紙産地を地図と一覧表で示しました。5章はコウゾ、ミツマタ、ガンピの栽培法を詳しく紹介しています。巻頭のカラー写真を合わせて参考にしていただくとイメージが広がると思います。

栽培については、大学で教鞭をとりながら、自身でもコウゾ・ミツマタの栽培に取り組んでいる田中求さんに、また、料紙調査という分野で実践と研究に当たってこられた宍倉佐敏さんには、製法はもとより、和紙の分析の蓄積を生かしてトータルに和紙の世界を紹介いただきました。

ペーパーレスと称してデジタル情報が飛び交う時代ですが、本書によって、身近な植物を生かし、紙をはじめとする生活品をつくってきた先人たちに思いをはせていただければ幸いです。

農山漁村文化協会

２０１８年５月

生活工芸双書　楮・三椏　目次

3章 使われた原料からみた和紙の歴史 ……59

全国の手漉き和紙産地

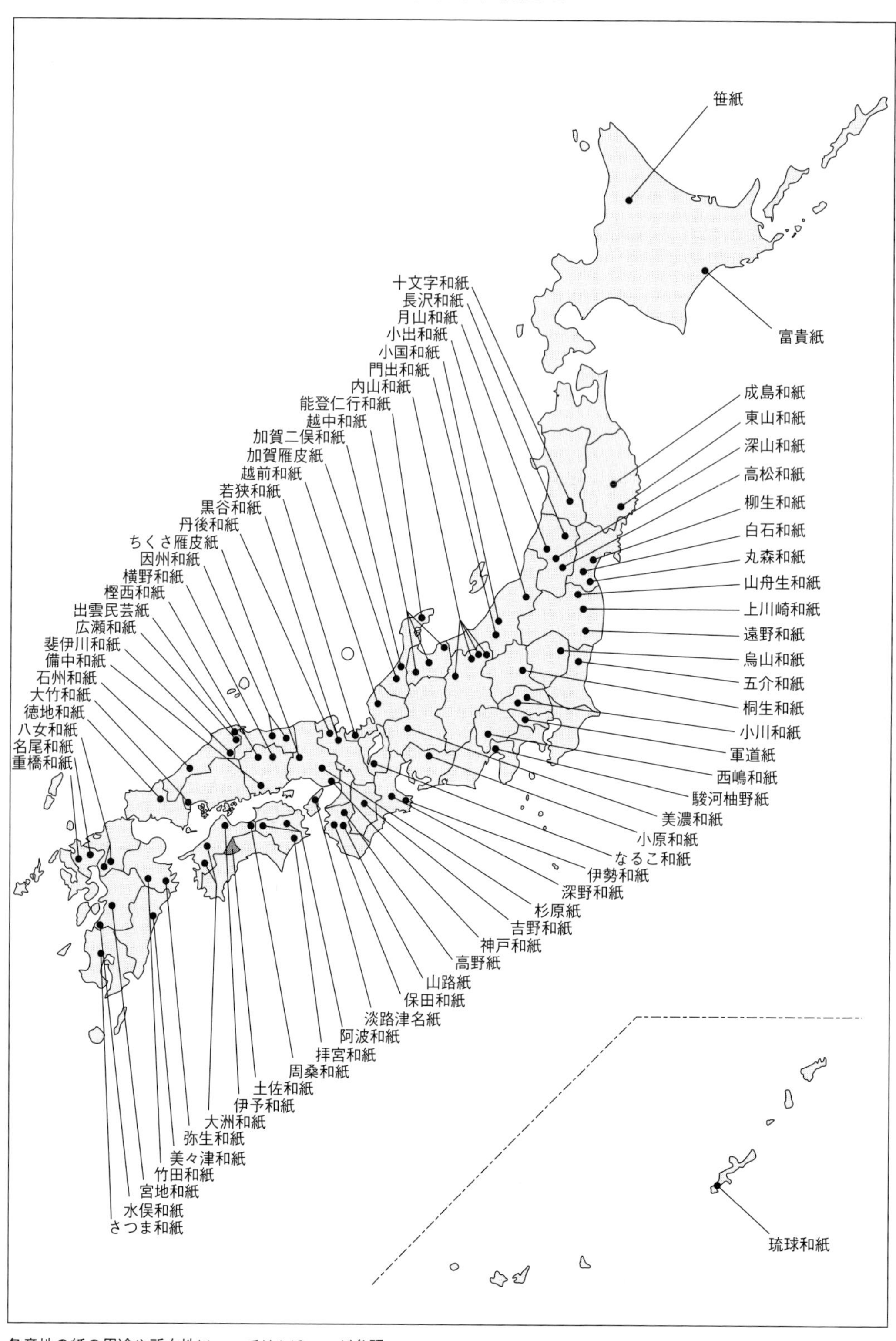

各産地の紙の用途や所在地については140ページ参照

1章

植物としての特徴

コウゾ（楮）

●学名

コウゾに関連する研究の多くは、洋紙の流入に伴い、和紙や工芸作物としてのコウゾの重要度が低下し始めた1950年代以前に行なわれたものが多い。コウゾに関する研究、とくにコウゾの分類に関する主要な研究は、倉田益二郎氏や中條幸氏などが最後である。

とくに倉田氏は、既存の研究でのコウゾの分類をまとめるなかで、その混乱と今後の研究の必要性を訴えている。その後は、渡邊高志氏らなどによる分類の試みがあるものの、コウゾの分類について結論が出されているわけではない。

これまでの研究では、ヒメコウゾ(*Broussonetia kazinoki*)をコウゾとして分類することがあるほか、ヒメコウゾとカジノキ(*Broussonetia papyrifera*)の交雑種とする説もある。このほか、コウゾの名前が付くものに、ツルコウゾ(*Broussonetia kaempferi*)がある。ヒメコウゾの種小名が*kazinoki*となっているのは、命名者であるシーボルトがヒメコウゾとカジノキを混同したためである。

コウゾを1つの種とするか、交雑種とするかの混乱についても、形態的な判別によって分類されてきたことが原因である。コウゾは後述するように、樹齢や生育の状況、品種によって葉型などが大きく変わるため、形態を重視した分類が難しく、ヒメコウゾ系・カジノキ系とする分類も必ずしも正確でない。

また地域によって、コウゾの呼び方はさまざまであり、カジ、カズ、カゾ、カゴ、カウズ、カジクサ、カミクサ、ソ、カミソなどがある。このほか、地域によってはウーカジ(沖縄)、オッカズ(群馬)、カミギ(三重)、キガミ(福井・岐阜)、カンソー（静岡）などの呼び名もある。

●形状

葉は互生で、卵形のものや麻葉状に深い切れ込みが入ったものなど、品種によって形状が異なる。樹齢が上がるにしたがって小型で切れ込みが浅い葉が多くなり、時に卵形となる。葉は薄緑色であり、形状はクワなどに似ているが、クワほど葉に光沢がないほか、葉の裏に短毛が多いという特徴がある。コウゾ

卵形の葉が互生するコウゾ

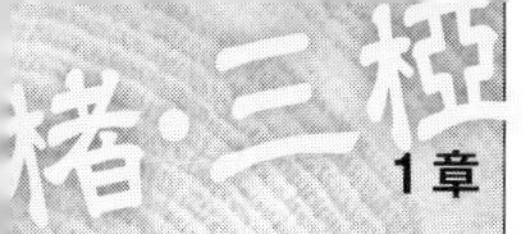

の周囲に生えるカラムシ（クサマオ、チョマ、*Boehmeria nivea*）も、コウゾの葉に似ていることがあるが、カラムシは葉の裏に白銀色の細毛が密生しており、コウゾよりもかなり白さが強いことから容易に判別できる。

コウゾの葉は11月から12月にかけて落葉し、3～4月に萌芽する。葉や枝などの傷から出てくる白い液体は、皮膚に付着すると痒みを生じることがある。

株からの萌芽

コウゾとカジノキは雌雄異株であるが、カジノキはコウゾよりも葉が大きく、葉の裏や葉柄に短毛が密生しているほか、葉柄が2～15㎝と長いことがその違いである。ヒメコウゾは雌雄同株であり、コウゾよりも葉が小さく、葉柄も1～2㎝と短い。

1～1・5㎝の球形の集合果は6月頃に赤く熟し、甘みはあるものの、ややざらつきがあり美味ではない。種子も形成されるが、コウゾは通常、毎年枝を収穫するため、採種することは稀である。

コウゾやヒメコウゾについては、樹高が約2～5ｍ、幹の直径は最大で20㎝ほどになることもあり、カジノキについては直立し、樹高は10ｍ、幹の直径は60㎝ほどにまで大きくなることがある。

●分類

コウゾ、ヒメコウゾ、カジノキ、ツルコウゾのいずれも、クワ科コウゾ属に属する。コウゾについては、カナメやタオリ、アカソ、アオソ、シロソ、メダカ、マソ、クロカジ、タカカジ、若山コウゾ、大子（だいご）（那須（なす））コウゾなどさまざまな品種に分かれている。これらの品種は、葉の形や枝の伸び方、樹皮の色などにそれぞれ特徴があるものの、生育の状況や樹齢などによってその特徴が明確に現われないことがあり、ここでは便宜上、品種としているが、分類が困難であることも多い。

いくつかの品種の大まかな特徴を挙げると、カナメは葉柄が長く、葉は卵形もしくは2、3の浅い切れ込みがあり、樹皮はややゴツゴツとした橙褐色（とうかっしょく）で脇芽は少なく、枝が真っ直ぐ伸び、太さは2～8㎝と太めであることが多い。

タオリはカナメに似るが、やや切れ込みの深い葉が多いほか、地面を這うように枝を出すことがある。

アカソは葉の切れ込みが深く、樹皮は薄く光沢を帯びた赤茶色であり、脇芽が多く、枝はカクカクと細かい曲がりがあり、太さは1～4㎝程度と細めである。

シロソは脇芽が少なく、樹皮が白みを帯びて斑紋があり、枝は上に真っ直ぐ伸び、太さは3～6㎝と太めである。

大子コウゾは、葉の切れ込みがやや深く、葉柄が3～6㎝とやや長く、螺旋状に葉が出ること、脇芽が多く、樹皮は褐色で白または薄緑色の斑紋があることが特徴である。

ヒメコウゾとコウゾの品種を見分ける際には、雌雄同株のヒメコウゾと雌雄異株の他品種は見分けられるが、雄花が短期間で落下するほか、コウゾの栽培地では毎冬に枝を収穫するため、花もしくは実を付けた状態のコウゾを見ることは稀である。

高知県いの町などでは、カナメやアカソは雌花系、シロソは雄花系であることが多く、茨城県大子町を主産地とする大子コウゾは雄花系であることが多い。しかしながら、各地域のコウゾ品種の雌雄の系統についての研究はされておらず、全国的な情報がないのが現状である。

また、ヒメコウゾの葉は葉柄がやや短めであるものの、その形状は萌芽後2～3年以上経ったアカソの枝に付く葉に似ており、またアカソの雌雄同株報告もあり判別を難しくしている。

コウゾの品種についての名称も、例えばアカソと呼ばれているものでも地域によってまったく形態が異なるなど、全国共通の品種名があるわけではないことにも注意が必要である。

倉田氏は、既存研究でのコウゾの品種の分類法として次の4つを紹介しており、分類そのものの混乱と複雑さがわかる。

分類1には、①麻葉(アサバ)として青穀・赤穀・黄穀、②要楮(カナメ・タオリ・鯰尾)として黒皮・紫皮・綴組(ツヅラグミ)、③眞楮(マカジ・男斑)として黒・青に分ける。

分類2には、①眞楮(綴垣・麻楮)として紅楮、②高楮として紅楮・青楮、③要楮として黒表・白表・芽高・丸葉・綴組を分ける。

分類3には、①眞楮、②高楮として紅楮・青楮、③梶楮、④帽子冠楮、⑤黄楮、⑥要楮、⑦手折楮、⑧目高楮の8つに分けている。

分類4には、①カジノキとして黒楮・赤楮・白楮、②山楮(コウゾ)として葉の裏面にだけ毛があるものとしている。

●原産地と来歴

ヒメコウゾについては、本州、四国、九州、琉球など各地に自生しているほか、朝鮮、台湾、中国南部などにも広く分布している。カジノキについては、東南アジアやインド、太平洋諸島、台湾、中国南部などが原産地といわれている。日本にあるカジノキはこれらの原産地から伝来したものが各地で栽培されているとされてきたが、山口県祝島ではカジノキの自生地が見つかっている。また近年の研究では、サンプル数は限られているものの、東京にあるカジノキの遺伝情報を分析したところ、広東省にある系統との結びつきが解明されており、興味深い。

コウゾについては、各産地にさまざまな品種があるが、茨城県や福島県、栃木県などで栽培されている品種の多くが大子コウゾ系であり、九州や山陰はカジノキに近い系統が多く、高知県はアカソからカナメ、タオリ、アオソ、シロソ、メダカなど多様な品種が栽培されているのが特徴である。また、高知県のアカソやカナメなどの品種が国内各地の産地に移植されているほか、中国やタイ、パラグアイなどでも栽培が進められている。

コウゾがいつから和紙の原料として用いられるようになったかは明確にはわからない。しかしながら、日本で漉かれた和紙として年代がわかる最古のものである、正倉院に保管されている飛鳥時代の戸籍(702年)には、コウゾおよびカジノキが用いられている。この戸籍は、美濃(岐阜県)や筑前(福岡県)、豊前(福岡県東部・大分県北部)などでつくられた和紙が用いられており、その原料もこれらの産地の周辺のものと考えられる。コウゾは、その繊維が衣服などに使われてきたほか、1300年以上前から和紙の原料としても用いられてきたのである。

(田中　求)

●コウゾ繊維の特徴

【コウゾの日本への渡来】

カジノキは、日本を含む照葉樹林帯の農耕文化のなかで育ってきた南方系植物で、日本には人為的に渡来した可能性が非常に高い。カジノキの樹皮の繊維を採るためか、石器時代に石による加工がしやすい材として果実を求めたのか、フルーツ食物として受け入れたのか、理由は定かでないが、縄文時代にすでに渡来している事実は各方面から認められている。

このカジノキと、同じクワ科の在来種ヒメコウゾとの交配が早くから行なわれて、両者の交配種である栽培種のコウゾが生まれた。

2種の違いはカジノキが雌雄異株の喬木(きょうぼく)(丈の高い木)で樹皮の肌が荒いのに対して、ヒメコウゾは雌雄同株の灌木で樹皮の肌が滑(なめ)らかなことである。葉の形から区別するのは、生長過程で形が変化するため難しい。

表1　コウゾ繊維の大きさ

	長さ(mm)			幅(μm)		
	最大	最小	平均	最大	最小	平均
アカソ	12	4	8.2	30	10	19.3
アオソ	12	4	7.2	34	2	16.8
タオリ	16	4	9.0	50	14	24.3
クロソ	28	6	11.6	50	14	25.3
タカソ	30	4	9.0	42	18	26.8

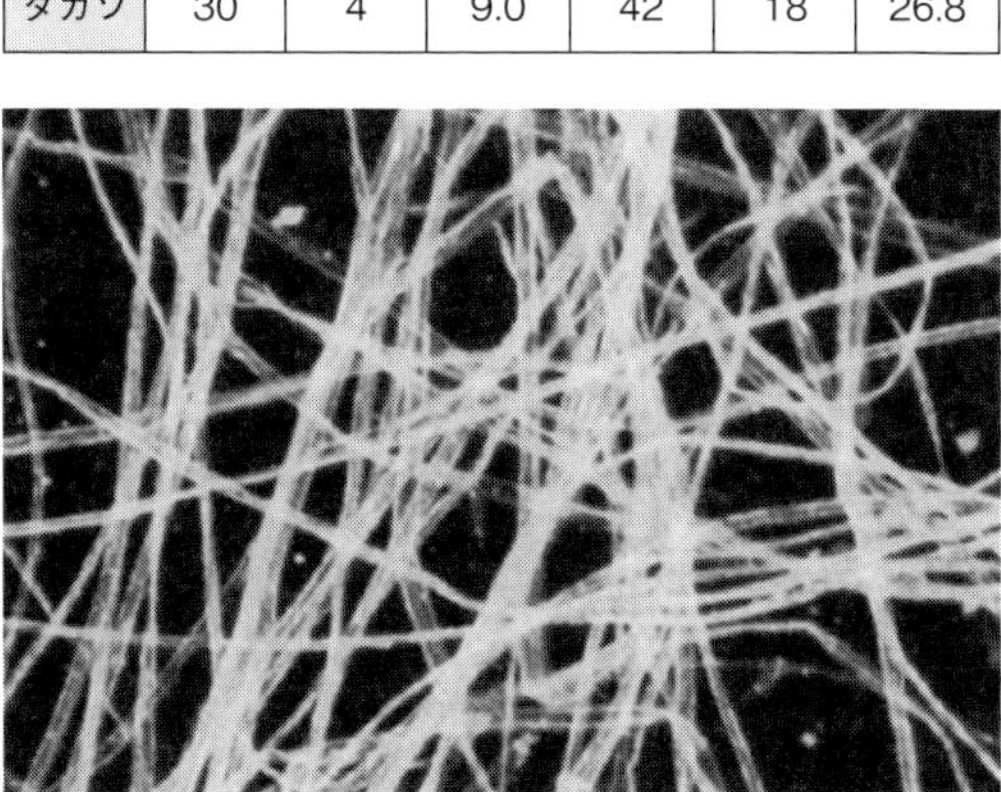

コウゾ繊維の形態

【コウゾ繊維の特徴】

コウゾの繊維を顕微鏡で観察すると、細く長いものと幅の広いものがある。細く(20μm=マイクロメートル前後)長いものは先端が尖り、繊維壁が厚く円筒形で透明性がない。幅の広いもの(25~35μm)は薄くリボン状で、繊維壁も薄く、半透明である。コウゾ繊維に特有の十字痕があり、大麻や木綿繊維と見分けるポイントになる。

コウゾは種類が多く、産地によっても根部や梢部の皮にも差があり、2種の繊維が混在している。そこで、同一形態の繊維が主体のミツマタやガンピに比べ、多種多様の紙がつくられることになった。

前ページの表1からはコウゾ繊維の形態の違いがよくわかるし、繊維写真でも2種の異なった繊維が見える。

【樹種による特徴】

コウゾの種類は多いとされるが、産地によって呼び名が変わるので詳細の分別はできない。明治時代の和紙研究家・吉井源太の分類によると次の5種類で、これらは性質が異な

表2　産地ごとのコウゾ繊維の特徴

ブロック	府県	地域	納品時の原料表記	特　徴
東北地方	山形県	西村山郡	コウズ	繊維の太さが不揃いでカジノキと在来種のヒメコウゾとの交配種
	宮城県	白石市	白石産カジノキ	繊維は幅広く太さの揃ったカジノキの基本形態種
北陸地方	富山県	南砺市	楮	繊維は太く円筒形で透明感もある。カジノキ系の栽培種
信越地方	新潟県	魚沼市	コーズ	太さは不揃いで透明な繊維が多い。在来種のヒメコウゾにカジノキが交配した
	新潟県	西蒲原郡	地楮	太さが揃っていて透明性が少ない。在来種ヒメコウゾの栽培品
	長野県	下高井郡	楮	幅広で長く透明な繊維が多い。カジノキに在来種ヒメコウゾが交配
関東地方	埼玉県	比企郡	混合種	繊維全体が大型なことから、白石カジノキの栽培種
	埼玉県	比企郡	単一種	幅広く扁平で透明性が高い。在来種ヒメコウゾにカジノキが交配
東海地方	岐阜県	美濃市	地草	幅が不揃いで透明性が高い。在来種ヒメコウゾが大型化
	岐阜県	美濃市	津保草	繊維は扁平で透明。地元ヒメコウゾの天然種
	岐阜県	美濃市	購入　那須楮	細く幅の揃った繊維が多い。ヒメコウゾを特定栽培した種
	愛知県	豊田市	小原楮	透明で扁平が多く、円筒形も混合。ヒメコウゾの天然種
	静岡県	沼津市	栽培トラフ楮	円筒形の太い繊維が主体。カジノキ栽培種
	静岡県	駿東郡	栽培「白石産カジノキ」	カジノキの特徴が多い
	静岡県	伊豆市	自生ヒメコウゾ	扁平で透明な繊維が多い。ヒメコウゾの天然種
近畿地方	京都府	綾部市	栽培楮	円筒形で太さが揃っている。ヒメコウゾの栽培種
	京都府	丹後市	丹後の地楮	細く透明性がある。ヒメコウゾの天然種
	京都府	丹後市	栽培　高知産那須楮	細く円筒形で不透明。ヒメコウゾ栽培種
	兵庫県	多可郡	地元産楮	円筒形で太さも揃っている。在来種ヒメコウゾ
	大阪府	泉佐野市	伊賀の野生種	扁平で透明性が高い。ヒメコウゾの自然種
	大阪府	泉佐野市	九度山楮	細く円筒形で太さが揃っている。ヒメコウゾ種
	和歌山県	伊都郡	細川楮	太く透明性が高い。長年栽培のカジノキ種
	和歌山県	伊都郡	河根楮	太く円筒形で透明性もある。カジノキ天然種
中国地方	島根県	浜田市	たかそ、まその2種	円筒形であるが透明性もある。在来種ヒメコウゾとカジノキの交配種
	鳥取県	鳥取市	タオリ・赤楮	円筒形で太さが揃っている。在来種ヒメコウゾのとカジノキの長所を持つ改良種
四国地方	高知県	吾川郡	いの町楮	円筒形で太さが揃っている。在来種ヒメコウゾとカジノキの長期間栽培改良種
	高知県	吾川郡	アカソ	細く揃っていて不透明で扁平な繊維。ヒメコウゾの大型
	高知県	吾川郡	タオリ	太さの揃った円筒形の繊維。カジノキの純粋種
	徳島県	那賀郡	カミソ	円筒形で太さが不揃い。カジノキにヒメコウゾが自然交配
九州地方	福岡県	八女市	九州楮	幅広で長く透明性が高い特殊種。カジノキの変種
	佐賀県	佐賀市	梶の木	繊維は太く円筒形であるが、透明性もある。カジノキ種
	熊本県	水俣市	梶	太さ不揃いで繊維は透明。カジノキの改良種
	熊本県	水俣市	巻楮(ツルコウゾ)	細く扁平で透明でやや短い

＊和紙販売会社の「紙の温度株式会社」に納品された各地の手漉き和紙業者の和紙について、繊維の形態を顕微鏡観察した結果を基にしている

り、紙質にも優劣が出るが、原料コウゾの選択による損失が少なくない。

要楮(カナメ)は繊維が大きく紙の弾力があるが、光沢がないので帳簿や障子・襖に適す。栽培が容易。

黄楮(キイソ)・赤楮(アカソ)は、繊維が緻密で光沢がある。自然な優美さがあるので、上級紙に向く。

真楮(マソ)は、繊維が粗く、固く長いため打解時間が必要。潤いや光沢がなく、紙質は低級。

黒楮(クロソ)は、樹形は蔓(つる)状で繊維は緻密で光沢があるが、歩留まりがとくに低い。

これらは純粋のヒメコウゾやカジノキでなく交配により多少変化しているが、要楮はカジノキの雌木、黄楮・赤楮はヒメコウゾ、真楮はカジノキの雄木、黒楮はツルコウゾと思われる。

【産地ごとのコウゾの特徴】

産地ごとのコウゾの特徴を捉えるための一つの試みとして、和紙メーカーであり販売会社である「紙の温度株式会社」(愛知県名古屋市熱田区)に納品された各地の手漉き和紙業者の和紙について、それぞれの繊維の形態を顕微鏡観察してみた。その結果を表2にまとめたので参考にしていただきたい。

(宍倉佐敏)

ミツマタ(三椏)

●学名、形状

ミツマタの学名は*Edgeworthia chrysantha*である。

ミツマタの特徴は、枝が3つに分かれながら伸びていくことであり、その名前の由来にもなっている。樹高が1～2mの落葉低木であり、2～3月に香りの良い黄色の花を咲かせる。園芸種には赤色の花を咲かせるものもある。緑色の葉は長楕円形で長さ5～15㎝で薄く、互生である。

高知県や愛媛県などでは、ヤナギと呼ぶこともあり、これはその葉の形状がシダレヤナギ(*Salix baylonica*)に似ることがその理由である。このほか、高知県ではリンチョウ、徳島県ではジンチョー、山梨県や静岡県、山口県ではミツ、愛知県東部ではジュズフサ、岐阜県ではムスビキ、

3つに分かれながら枝を伸ばす

島根県ではミツマタコーゾなどと呼ぶ地域もある。

まだ雪の残る春先に、他の花に先んじて開花することから先草(サキクサ)、または3つに分かれて枝が広がっていくことから縁起の良い木とされ、幸草と書かれることもある。万葉集巻第十の春相聞には、柿本人麻呂の和歌「春されば　まづ三枝(さきくさ)の　幸(さき)くありて　後にも逢はむ　な恋ひそ吾妹」がある。この和歌は「春になるとまず咲く三枝のように、幸く(つつがなく)過ごしてまた後にきっと逢おう。だから徒らに恋しがらないでほしい、妻よ」と訳されており、ここにある三枝はミツマタではないかとされている。古代からミツマタが日本の自然と暮らしのなかにあったことが推察されよう。

●分類

ジンチョウゲ科ミツマタ属であり、学名としては*Edgeworthia chrysantha*ではなく*Edgeworthia papyrifera*があてられることもある。

ミツマタの品種名は、赤木・青木・雌木・雄木・小葉・大葉・実子・掻股・駿河ミツマタ・下りヤナギ・地ヤナギ・カギナエ・鳥取在来種・ソブミツマタなど多様な名称がある。これらの名称は同一種を指していることもあるため、倉田益二郎氏は静岡種・中間種・高知種の3つに分類し、それぞれの特徴をまとめている。

【静岡種】

静岡種には、赤木・雌木・小葉・小葉ヤナギ・実子・駿河ミツマタ・下りヤナギが分類される。

静岡種

葉は小さめで、樹皮が厚く、幹は赤みを帯びる。年に1回または1回以上枝分かれし、枝を横に広げるため樹下の雑草を抑える効果が強い。開花・開葉時期は、高知種より遅いものの、着花および結実数ともに多く、種子の発芽率も高い。幹からの萌芽が多く、根萌芽がごく少ないため、苗木には種子からの発芽を利用することが多い。

【中間種】

中間種には、青木・雄木・大葉・大葉ヤナギ・地子・鳥取在来種が分類される。

葉は大きめで、樹皮は薄く、

中間種と考えられる株

幹はやや青みを帯びる。年1回枝分かれし、伸びも早いが、着花および結実数ともに静岡種よりも少ない。

高知種と考えられる株

【高知種】

高知種には、大葉・掻股・地子・地ヤナギ・掻苗・高知在来種が分類される。

葉が大きく、幹も青みが強い。上への伸びが早く、枝下は静岡種の2倍、120cm以上になるが、枝分かれは2年に1回程度と少ない。苗木として利用できる根萌芽は多いが、着花および結実数が少ない。発芽率も低い。

【2つの系統――白木系・青木系】

このほか、2つの系統があり、一つは幹がやや白みを帯び、枝および花が少ないが挿し木の活着が良い系統であり、愛媛県では白木と呼ばれている。もう一つは樹皮が白みを帯びず、花数がやや多いが挿し木の活着が悪い青木と呼ばれる系統である。

●原産地と来歴

日本が原産地の一つであるとする説と、慶長年間に中国から日本に渡ってきたとする説がある。また、大橋広好氏らは、4種のミツマタが中国・ミャンマー・東ヒマラヤに分布しており、日本にはこれらの地域から渡来したものの1種が野生化しているとしている。

ただし、慶長年間にミツマタが渡来したとする説は、1598(慶長3)年に徳川家康が伊豆・修善寺の紙漉き師である文左右衛門に送った黒印状に依拠している。修善寺郷土資料館に保管されているこの黒印状には、「於豆州　鳥子草　がんぴ　みつまた　何方ニ候共　修善寺文左右衛門より外には不可伐　殊に火を付　紙草焼捨候者　其郷中可為曲事候公方紙すき候ときは立野　修善寺の紙すき候者共　手伝可仕者也」と文左右衛門にのみミツマタの使用を許可した記録がある。

慶長年間以前にもミツマタを用いた紙があった可能性があり、東大寺文書に用いられた三椏紙(みつまたし)などから、室町時代中期には国内でミツマタを漉いた紙が使われていた可能性があることも指摘されている。

万葉集に歌われていた先草がミツマタであるとすれば、ミツマタは7世紀以前には日本に渡来していたか、元々日本各地に自生しており、歌に詠まれるほど身近で日本の四季を刻む重要な植物であったと考えられる。

また、1836(天保15)年には農学者大蔵永常が『広益国産考』の中でミツマタの栽培を勧めており、この時期以前はミツマタの栽培が必ずしも活発ではなかった可能性がある。むしろ栽培が限定的であったがゆえに奨励され、和紙原料としては自生していたミツマタを利用するにとどまっていたのではないだろうか。

18世紀後半の明和年間、駿河国(静岡県)の和田島村でミツマタを原料とした紙漉きの起源の記録があり、この技術を受け継いで漉かれた駿河半紙は、ミツマタを用いた和紙の代表的な存在となった。

中国では和紙原料としてミツマタが用いられてきたものの、ネパールやブータンではミツマタではなく、ジンチョウゲ科の*Daphne cannabina*や*Daphne bholua*などが用いられてきた。この植物は、ネパール西部ではロクタ、東部ではボルワまたはロクティと呼ばれ、ブータンではダフネと呼ばれている。

近年、ネパールでは日本からの技術指導による自生ミツマタの加工と新たな栽培方法の導入が進められており、1万円札の原料に用いられるミツマタも、国産原料の不足により、2010年以降はその多くがネパールもしくは中国産のミツマタとなっている。

ブータンでは石州和紙の紙漉き師や高知の簀桁(すけた)製作者による技術指導が行なわれ、ブータンの伝統的な手漉き法も活かしつつ、さまざまな和紙が漉かれている。


(田中　求)

●ミツマタ繊維と製紙

江戸時代の伊豆地方では、和紙の原料を煮る時に木灰(きばい)を使ったのではないかと考え、ミツマタとコウゾを木灰で煮る実験を行なった。木灰液で煮たコウゾ原料は赤茶色の紙となったが、灰汁抜き後の洗滌で色が淡くなり、手漉き時の抄紙性がよく、紙質は堅く締まった紙となった。ミツマタはコウゾと同様に堅く締まった紙となり、表面も平滑で、色は赤褐色のクラフト色に近かった。

この結果から、ミツマタはコウゾやガンピのように容易に繊維化はしがたいが、濃度が高い木灰液(pH11程度)を使用すれば容易に単繊維化することができ、クラフト色系の自然な色が残ることがわかった。以上から、古くよりミツマタが和紙に使われていたと推定される。

製紙に使われた時期は定かではないが、多くは室町時代後期頃としている。異説として、平安時代から存在するとの見解がある。

また、ミツマタはガンピと同じジンチョウゲ科植物であるから、2種は同じ原料として使われ、さらに遡って奈良時代の正倉院文書の雁皮紙にもミツマタが混じっていたともいわれる。しかし、ミツマタとガンピは同じジンチョウゲ科植物だが、山地に自生する場所でも両者は区別される。また花の咲く時期も違い、樹形もガンピは細く高く、ミツマタは太く低い。そのため両者を混同することはないと思われる。

・ミツマタと筆記適性

二人の書道家に木灰煮の楮紙(ちょし)と三椏紙(みつまた)とに毛筆での書写を依頼した。一人は「三椏紙は、かすれがよく、毛筆には楮紙よりも三椏紙のほうが優れていて、だれにでも書きやすい」と評した。もう一人の老書道家は、「三椏紙はいつも書いているやさしい紙。楮紙はてこずるが面白い紙」とつぶやいた。二人の書道家には、三椏紙は毛筆に適しており、文字が書きやすいと評価されたのである。

現在でもミツマタは書道用紙の重要な原料である。紙色はよくないが、毛筆文字が書きやすい。戦国時代の武田信玄や徳川家康も、この特性に注目したのかもしれない。

(宍倉佐敏)

ガンピ(雁皮)

学名・形状

ガンピは、ジンチョウゲ科の植物で学名は*Wikstroemia sikokiana*(ウイクストレーヤ　シコキアナ)*Franch et Sav*である。

静岡県、石川県以西の本州、四国、九州の暖地に自生する落葉低木である。高さは2~3mになり、樹皮は桜皮に似ている。5~6月の頃、淡黄色の花を付ける種を一般にガンピと称することが多い。この種は樹齢の少ないものは細い絹毛で被われている。花は十余個頭状をなして、枝端および葉腋に萌出する。花色は黄色の物と白色の物がある。

ガンピにはアジア東南部、オーストラリア、ポリネシアおよびハワイ諸島、日本の琉球諸島の原野に生育し、奄美大島や台湾にも産するアオガンピ属とアジア東部と中部に分布し、日本にも7、8種が自生しているガンピ属がある。

ガンピの栽培

ガンピの栽培についての文献は、江戸時代以前にはほとんど見られないが、明治時代以降には栽培がされていたように書かれた文献もある。これは1887(明治20)年4月に出版された、江夏利兵衛著『雁皮栽培法』という小冊子を基に書いたと思われる。ガンピをミツマタ同様に栽培することが流行したのは、明治時代の一時期だったようで、戦後の昭和20年代にはまったく廃止されていた。この冊子には、種子を山から採取して播種する方法と、野生のガンピを掘り採って、その直根を20㎝位の長さに切り植え込む方法という、2つの栽培法が書かれている。

種子を採取する方法は生育地をよく知り、種子が採取できる時期がわからないと難しく、根を掘る方法も20㎝の根を持つガンピが容易には見つからないので、大量栽培は難しいことと判断された。

●分類

紙に使われるガンピには、ガンピ属の各種ガンピとアオガンピ属、ジンチョウゲ属のオニシバリがある。雁皮紙の90％以上にガンピ属のガンピが使われ、奈良・平安時代に使われた雁皮紙にはオニシバリもあり、沖縄地方でつくられている雁皮紙はアオガンピである。

【ミヤマガンピ】

紀伊半島、四国、九州の標高1300m近くの山中にあり、岩石地にも生育することがある。高さ1m程度の落葉低木で、生育環境が良くないので生長が遅く採皮量が少ない。

【キガンピ(キコガアンピ)】

近畿地方以西の低山地に生える、高さ1～2mの落葉低木。種子がよく発芽し、その年に花を付けるので比較的量は多いが、分枝が多く繊維処理に手間がかかる欠点がある。

【ガンピ(カミノキ)】

日当たりの良い低い山に生える高さ2m前後の落葉低木で、樹皮はサクラの肌に似ている。5、6月頃に枝先に10個程の花を付ける。高級和紙の原料とされ、時に栽培されたという記録もある。

【コガンピ】

関東から奄美大島までの日本各地と、台湾の日当たりの良い山地に見られる。高さ1m足らずで、根元から多数叢生した落葉低木。幹は毎年20㎝くらいで枯れてしまい、長い糸になり難く、太く長い白皮が採れにくいので、除塵などの作業効率が悪く良質な紙がつくれない。地方によってはイヌガンピと呼ばれる。

【サクラガンピ】

伊豆半島を中心に分布する高さ2mほどの落葉低木。幹は渓側に斜めに立つのが特徴。花は7、8月に枝端に穂状花序が集まってまだらな円錐花序となる。明治時代まで高級和紙の原料として採皮されていたが、現在は生育地が減少して採取されていない。

【シマサクラガンピ】

九州の山地に生え、高さ2mを超す落葉低木。斜面に生えて幹は直立か、上部がやや下垂する。サクラガンピによく似ているが、花や葉が大きく、花序は蜜で、葉の先端が長く伸びる等の特徴によって区別される。高級和紙原料として大量に採皮されていたが、繊維が円筒型であるから緊度が少なく、柔らかい質感の紙ができるが強さは感じない。

雁皮紙といわれる和紙はほとんどこれらのガンピ類を原料としていると考えられ、越前鳥の子紙、近江雁皮紙、名塩の間似合紙などの良質な雁皮紙はカミノキと呼ばれるガンピが使用され、今日では見られない修善寺紙や熱海雁皮紙はサクラガンピが使われていた。この2種が雁皮紙の代表的原料繊維であった。

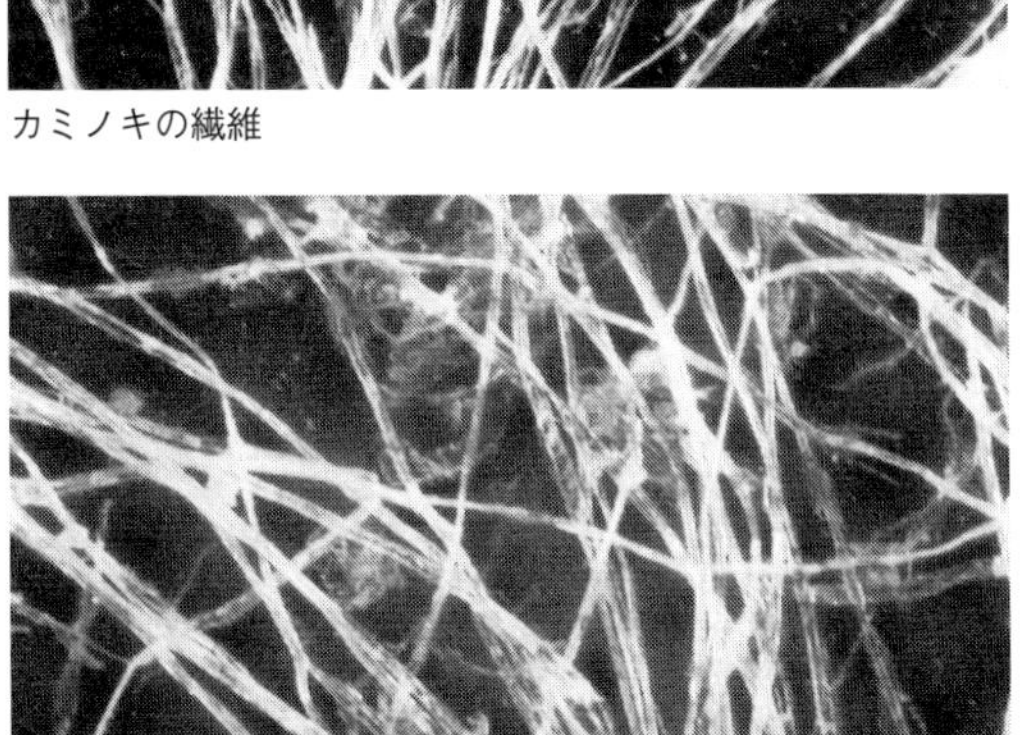
カミノキの繊維

サクラガンピの繊維

●ガンピ繊維の特徴

平均の長さ3・2(3・0〜5・0)㎜、平均の幅19(10〜30)μm、繊維壁膜が薄く、繊維形態は扁平であるから繊維接着力(結合力)が強く、透明性が高くて、かつ密度の高い紙が得られる。

ガンピにはウロン酸といわれるヘミセルロース分が含まれているため、繊維に粘性があり、水の中で沈殿しにくく、凝集性も少ないので紙を漉きやすく、紙の表面は平滑性が高くなる。

コウゾにガンピを混合した紙質の地合

繊維の結合力が高いので、コウゾやミツマタと混合すると、紙質が変わり漉きやすく締まりのある筆記性の優れた和紙になり、金属ペンや羽ペンで書写する外国人にはとくに好まれた。

正倉院の紙を調査した町田誠之氏は、ガンピについて次のように書いている。

正倉院の紙の奈良時代中期から、平安時代初期までの斐紙類を時代順に見て行くと、コウゾ類にガンピ類の繊維を混合した割合の多いものほど、紙質の地合（流れ方や集まり具合による繊維分布の状態）が均一し、薄くて美しい紙になっている。その上、繊維が上下に方向性を持って並び、紙の上端と下端に近い部分にやや厚みのできているのも見出せる。このような詳細な観察から、紙の漉き方に流し漉きの技法が芽生えている事実が発見される。

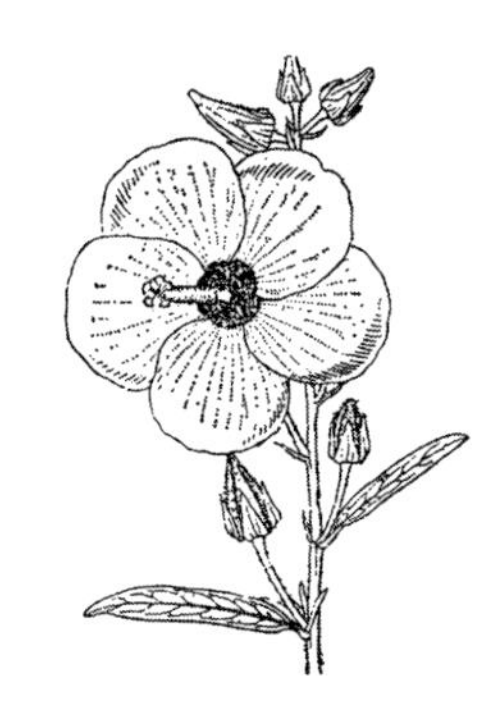

トロロアオイ
町田誠之『和紙の風土』（駸々堂）より

サネカズラ（ビナンカズラ）

町田誠之氏はいわゆる斐紙を調べることによって、和紙独特の流し漉きの技法が、奈良時代から平安時代にかけて行なわれたことを実証したのである。

ガンピ類の繊維には粘質性のヘミセルロース成分が多く、紙料液の粘度を高め、簀からの水漏れが遅くなる。それを速めるために簀を前後に揺すると、液は簀の上を流れて繊維が縦に並ぶ。余分な液を捨てるときに不純物が除かれる。

ガンピを加えた紙料液の粘性に注目した結果、ガンピ類のほかに、さらに粘りを与える物として、トロロアオイやノリウツギ、サネカズラ（ビナンカズラ）など、色々な植物の粘液の応用に発展し、今日の流し漉き法になったのである。以上がガンピから流し漉きが生まれた、とする町田氏の有名な学説である。

私の経験では、ガンピ繊維は水中に放置しておくと醗酵しやすくなり、ネリ剤がなくても良質の紙が漉ける。ネリ剤の使用以前は、原料を醗酵させて漉いたと推定される。

●ガンピの生育環境

ガンピの繊維は優美で光沢があり、平滑で半透明のうえ粘着性に富んでいるので、紙は肌が美しく滑らかで光沢がある。このことから「紙王」と呼ばれ貴重な紙とされる。

ガンピは栽培が難しく、自然生育のものを採皮しているので、原料としての供給量は少ない。

ガンピが山野に自然生育している環境について、伊豆山地の古老に話を聞いたことがある。古老によれば「朝日の当たる東斜面の土地がよい。熱海は東斜面の所が多いからガンピが多く採れた」という。この言葉をヒントに、周辺の東斜面の山林地を探すと、日当たりの良い落葉樹の下に、30～50㎝のガンピを発見した。これを採取して、色々な環境で植栽し検討した。その結果、ガンピ栽培には日当たりが良い場所がよく、肥沃な土地は好ましくない。粘土質で根が大きくなりにくい程度の場所がよく、植え替えは彼岸前後がよい、などの点が判明した。

その後、ある造園関係者に「ジンチョウゲの仲間は根が少なく、根が遠くへ飛ぶ性質がある」と聞いた。ガンピも同じジンチョウゲ科植物であるから、非常に参考になった。初夏に山へ行き、発芽した幼苗の周りを掘り、根の長さ・太さ・生長する方向などを調べ、採取可能な幼苗の数量を確認して、ガンピの栽培法をさらに検討した。

表3　日本に生育するジンチョウゲ科植物

属	植物
ミツマタ属	ミツマタ
ジンチョウゲ属	オニシバリ（ナツボウズ）、カラスシキミ、コショウノキ、ジンチョウゲ
アオガンピ属	アオガンピ
ガンピ属	ミヤマガンピ、キガンピ、ガンピ、コガンピ、サクラガンピ、シマサクラガンピ

生育地の土を採取し鉢に入れ、幼苗を植え、自宅の庭の数カ所に条件を変えて鉢を置いた。この結果、ガンピの栽培には日当たりだけでなく、地熱が重要と思われた。雁皮紙の産地であった熱海も修善寺も有名な温泉地であり、現在も雁皮紙が生産されている名塩、金沢、出雲などは、有名な温泉地に近い。このことも関係があるのかもしれない。

●ガンピの仲間　オニシバリ

オニシバリの繊維は平均の長さ3・3㎜、平均の幅15μmと細く、ルーメン（繊維の持つ空間）が狭いので、繊維壁の厚みの率は高く円筒形をしている。

奈良時代後期から平安時代にかけて、雁皮紙のような透明感はないが、表面が平滑で気品を感じる紙がある。繊維観察すると、柔細胞繊維（植物繊維に含まれるセルロース以外の小細胞）が見られ、ガンピより円筒型でミツマタより細い。C染色液で淡い緑色に反応し、17・5%の苛性（かせい）ソーダ（水酸化ナトリウム）溶液に浸すと繊維は数珠状に膨潤した。この調査結果から、ジンチョウゲ科植物のオニシバリの樹皮繊維と判断した。

オニシバリは日本全国に分布しているが、あまり知られていない。その原因はこの植物の怪奇さにあると思う。別名「ナツボウズ」と呼ばれ、夏季は葉を落とし冬季11月頃から芽を出し、2、3月に黄緑色の小花が咲き、5月頃から赤い実を付ける。他の植物と正反対で秋から冬にかけて生長し、春は花を付け初夏に結実する植生に特異性がある。また生育地方によって花や葉の大きさ、色合いが異なるため地域ごとの別称が多く、静岡県内だけでも17種の呼び名がある。新潟県地方以北では「ナニワズ」と呼ばれる。

ところで、ミツマタの項（17ページ）で触れた「家康黒印状」には、ガンピ、ミツマタに並んで、鳥子草(とりのこぐさ)の名前が記されている。

この史料の「鳥子草」について、和紙研究家の寿岳文章(じゅがくぶんしょう)氏は「鳥子草はおそらくサクラガンピのことと思われる」とする。以後、これが通説となっているが、きわめて曖昧である。伊豆地方では鳥子草とサクラガンピは異なった和紙の原料として扱われているからである。そこで、鳥子草の和紙原料としての性質や植物特性を考察した。

伊豆半島中央部では、現在もお年寄りはオニシバリを鳥子草と呼んでいると聞き、そうした人々を訪ねてみた。親や祖父の代まで紙漉きをしていた人々に鳥子草の話を聞き、山も案内していただいて、鳥子草から靭皮(じんぴ)繊維を採取したり、庭に栽培したりして植物図鑑との照合などを3年ほど行なった。製紙するのに必要な靭皮は採取できなかったが、栽培と自然生育の観察の結果、鳥子草はオニシバリであろうと確信した。また、鳥子草はオニシバリの修善寺・中伊豆地方の方言名と確認できた。

その後、富士山麓に行ったとき、オニシバリを発見し、靭皮の採取を行なった。採取時期やその方法などを検討した結果、採取法はガンピと同様に伐採直後に皮を剥ぎ、乾燥させるのが最も適切とわかった。伐採時期は、皮が剥離しやすい4、5月の晩春が容易であった。

ジンチョウゲ科植物であるミツマタ・サクラガンピ・オニシバリの紙草(和紙原料の剥離しただけの靭皮部)が揃った頃に蒸煮(じょうしゃ)実験を行なった。蒸煮には自家製木灰液・苛性ソーダ液、ソーダ灰液を使用して3種の紙を作成し、紙質を比較した。

オニシバリの紙質はミツマタとガンピの中間で、紙の色はサクラガンピと大差はなく、木灰液蒸煮でわずかにオニシバリは赤味を感じる。ミツマタは苛性ソーダ液で煮ると白く、ソーダ灰では白茶、木灰液では赤茶色になる。繊維を顕微鏡観察した結果、オニシバリの繊維の外観は細く円筒型でミツマタに近似し、C染色液の呈色反応はガンピに似た淡い黄緑色になる。苛性ソーダ溶液による繊維膨潤テスト(苛性ソーダ液に浸けた繊維の膨張している形態)では、ミツマタと同様、数珠状に膨潤するが珠球は楕円形となる。

オニシバリは幻の紙原料と呼ばれる。和紙の原料としてその名が消滅したのは、白皮がガンピと似ていて、蒸煮処理などの製法も、できあがった紙も類似しており、2種が同一の製紙用繊維として認識されていたためと思われる。

オニシバリはガンピほどの粘質性がないので、コウゾと併用するとガンピのような地合構成は取れず、ミツマタ製の札の束を振ったときにチャリチャリと音がする薄紙特有のチャリツキ感が少ない紙となる。さらに半日陰の湿地という限定された生育環境や、生長が遅く採取量が少ない。こうした理由から、現在ではほとんど原料にされていないようである。

(宍倉佐敏)

2章

原料となる植物繊維と和紙の製法

植物繊維と和紙

●和紙の特徴

洋紙は木材や亜麻・コットンの繊維をすりつぶしてつくり、和紙は植物繊維の特徴を生かしてつくる。自然を征服して発展してきた西洋文明と、自然を生かしてともに暮らしてきた日本文化との違いが紙でわかる(全国手すき和紙連合会発行『和紙の手帖Ⅱ』)。

和紙の保存性が高いのは、マイルドなアルカリ性の薬品で蒸煮(じょうしゃ)しても、リグニンやペクチンが溶出しやすい植物の繊維を紙にしているので、繊維に化学的な傷みが少ないからである。しかも、これらの繊維は細く長い特徴がある。また、繊維の分散には木槌や叩き棒などの木製機具を使い、手動の馬鍬(まぐわ)(ませとも読む)で最終繊維化しているから物理的にも繊維の損傷は少ない。さらに漉き具は木枠に竹や萱でつくられ、簀(す)に挟むので繊維に傷をつける状況もみられない。

洋紙のように繊維取り出し用以外の薬品類を使用することもないので、酸による劣化もない。このために保存性が高くなると思うが、保存の管理法がよくないと、虫喰いやフケなどの、和紙に特有な劣化を招く場合もある。

●和紙と洋紙の違い

【製法上の違い】

和紙と洋紙の基本的な違いを簡単に述べたが、製法の違いは表1を見ていただきたい。

【感覚による違い】

和紙　繊維の形が見え、ちりなどの異物がある場合がある。繊維間に空間があり、表面に塗布物はない。自然色が多く、部分的厚薄があり、触わると表面は粗いが軽くて温かみを感じる。息をかけると通過吸収し、揉(も)むとサラサラと爽やかな音がする。

洋紙　繊維の形は見えにくく、異物の混入は原則的にない。繊維同士が膠着して表面に塗布物がある紙が多い。厚薄はほとんどないが、色は人工色が多く、表面は平らで滑らかである。重く硬く、冷たい感じがするが、息をかけると戻ってくる。揉むとパリパリと煩わしい音がする。

【用途による違い】

和紙　書写用の他に、包む・防ぐ(保護する)・拭うなどの機能がある。浮世絵類は、江戸時代にヨーロッパへ輸出した陶器や漆器を包んだ紙として用いられたものである。

日本の家屋は木と紙でできているといわれるが、障子によって外気の湿気や室内の温度を調整している。そのほか、風などを防ぐ屏風や襖・提灯や行灯がある。かつて人々が着た紙子や

表1　和紙と洋紙の製法の違い

	中国の紙（唐紙）	日本の紙（和紙）	西洋の紙（洋紙）
初期の生産年代	紀元前300年	7世紀頃	1200年以降
原料	竹・ワラ・麻・コウゾなどの樹皮繊維	コウゾ・ガンピ・ミツマタなどの樹皮繊維	亜麻の樹皮・木綿繊維
繊維取り出し法	レッチング（醗酵精錬）と石灰などの蒸煮併用	木灰汁による蒸煮	レッチング
繊維分散法	家畜力	人力	水力・風力
完成紙料	繊維の性質を残す	繊維の性質を残す	繊維形態を変える
製法	常温・溜め漉き	冷水・ネリ使用・流し漉き	温水・溜め漉き
紙の厚薄	薄紙	薄紙	厚紙
乾燥法	温熱壁張り	板張り	吊るし
おもな用途	毛筆書写	筆写以外に包む・着る・拭う・防ぐなど広い用途	印刷・ペン書写
加工法	膠（にかわ）塗布	米粉内添・打紙	タブサイズ

紙布なども、外の冷気から人体を保護する紙である。

洋紙　羽ペンや金属ペンに水溶性インクをつけて書写するヨーロッパの紙は、インクが滲まず、表面は滑らかで強いことが求められる。印刷も金属版で強い圧力で刷られるため、厚薄が少なく、繊維間は緻密な硬い紙がよいとされる。

文字は曲線や細かい丸や点が多いので、異物があるとその異物によって文章の意味が変わることもあるので、ちりなどがない紙がよい紙と評価される。

唐紙　毛筆で書写されるので、紙は強度より書写適性が求められ、墨ののり、墨の発色、毛筆の消耗性などが重視される。

●植物繊維の特性

植物の繊維には、水中で沈もうとする沈降性と、集まろうとする凝集性という2つの大きな性質がある。この2つの性質をコントロールすることが紙づくりに重要となる。

伝統的な溜め漉き法では、沈降性を抑制するために繊維を充分叩き、フィブリル化（枝状化）する。凝集性を遅くするためには、繊維を切断して短繊維化する工程が大事となる。この溜め漉き法でつくられた紙は、表面の凹凸が多い。そのため、石や棒などで表面を打ち、平らにする打紙加工が行なわれた。

これらの工程を経ると、多くの労力と時間を消費するので、大量生産が難しい。そこで溜め漉き法を改良し、効率よい製法として考案されたのが、流し漉き法である。

溜め漉き法と異なり、日本で発達した流し漉き法では、薄くて表面が滑らかな紙ができる。繊維に粘性のあるガンピを使ったこともあるが、比較的長いコウゾの繊維でも流し漉きによる製紙が可能になったのは、沈降性や凝集性を改質する働きのあるトロロアオイやノリウツギなどのネリ剤を混合して繊維を流動する工夫がなされたためである。

●手漉きと機械漉き

手漉きはその工程がすべて手作業で、原料は個々の工房ごとにつくられ、その量には限度があり大量にはできない、原料の産地や蒸煮処理法・漉き方なども個人的な違いがあり、一枚一枚に少しずつ差があるが、個性のある温かい紙ができる。

機械抄きは長網抄紙機や円網抄紙機など大型の抄紙機で連続的に大量生産されるので、品質は安定して大量消費が可能であるが、紙に個性がなく冷たい感じがする。

原料になる植物繊維

植物繊維は、長さ1㎜前後以上、幅は長さの100分の1ほどのものなら原料になる。製紙用植物繊維として利用できるものをまとめてみると、表2のように大別できる。

表2　製紙用の植物繊維

被子植物：子房のなかに胚珠を包んでいる植物	双子葉植物：子葉が２枚	花実繊維利用植物		ワタ、カポック、ヤシ
		靭皮繊維利用植物	草本性靭皮利用植物	大麻、苧麻、亜麻、黄麻（ジュート）、ケナフなど
			木本性靭皮利用植物	コウゾ、カジノキ、ミツマタ、ガンピ、クワ、青檀
		広葉樹		ポプラ、ブナ、カバ、ヤナギ、ユーカリ、カエデ、アカシア、ラワン
	単子葉植物：子葉が１枚	葉繊維利用植物		マニラ麻、サイザル麻、ニュージーランド麻、バナナ
		茎稈繊維利用植物		稲ワラ、麦ワラ、サトウキビ（バガス）、タケ、アシ、エスパルト、トウモロコシ、パピルス
裸子植物：胚珠が外に出ている植物	針葉樹			トウヒ、モミ、マツ、ツガ、カラマツ、スギ、ダグラス・ファー

●双子葉植物

被子植物は子房の中に胚珠を包んでいる植物で、子葉が2枚の双子葉直物と子葉が1枚の単子葉植物とに分けられる。双子葉植物はさらに花実利用と靭皮利用とに分けることができる。

【花実繊維利用植物】

おもに種子についた繊維を利用したものである。綿の場合は果実が熟して開裂し、白い毛に包まれた種子の境が露出するので、花のように見える。このことから「綿花」と呼ばれている。

綿の繊維は表皮細胞の発達したものである。カポックも同様であるが、衣服などの繊維には不向きなので、枕やクッションなどの詰め物に使われる。

木綿の繊維は細く長いので、紙には繊維を切断して使用される。撚(よ)れの多いことが特徴なので、叩解(こうかい)が少ないとソフト感のある紙になる。

綿花の短い繊維は「リンター」と称し、木綿繊維より幅が広く短い。

【靭皮繊維利用植物】

植物の形成層の外側につくられる靭皮(じんぴ)部にある強い繊維を利用する植物である。草本性靭皮利用植物は、その生長が1年以内で完了する。

一方、木本性靭皮利用植物は多年生植物で、木質組織が年々肥大しながら生長する樹木である。

●単子葉植物

単子葉植物は、葉繊維利用と茎稈(けいかん)繊維利用とに分けられる。

【葉繊維利用植物】

葉柄および葉鞘の繊維を利用する植物である。

【茎稈繊維利用植物】

一年生か多年生の単子葉植物で、その茎・稈に存在する繊維を利用する植物である。

以上が木材繊維以外の「非木材繊維」と呼ばれる植物である。多くは和紙のおもな原料であり、補助原料として使われる。

●花実繊維を利用できる植物―ワタ

◇木綿の種類と特徴

現在地球上に生殖しているワタ属の種類はわからないが、繊維をつくるワタは4種類あり、現在の栽培品は次の3種に大別される。これらの名称や生育地、繊維の特徴、用途などを簡単に整理すると、成熟した木綿繊維の天然撚りの形態は3種あり、これの名称と特徴を示す。

【アジア綿/ゴシプウム・アルボレウム】

インドまたは中東方面が原産で、日本で植栽されていたもの。

繊維が短く弾力性があるので布団綿に好適であるが、繊維軸に対する撚れの角度が小さく、間隔が長いので、機械紡績用にはほとんど使われていない。現在の栽培地はインドとパキスタンでデシ綿と呼ばれている。

【アップランド綿またはアメリカ綿／ゴシプウム・ヒルスツム】

メキシコ南部または中米が原産の中繊維と長繊維のワタで、米国で栽培優良品種に改良され、栽培がしやすいため全世界に広まった。

現在、全世界の綿花生産量の90％がこの種類で、60カ国ほどで生産されている。繊維の形態はアジア綿とエジプト綿の中間で、厚手織物用としてキャンバス、粗布、上質ニットなどに使われる。

【シーアイランド綿またはエジプト綿／ゴシプウム・バルバデンセ】

原産地はペルー北部と考えられ、原産地から中米や西インド諸島を北上し、ペルー綿、シーアイランド綿、さらにエジプトに渡りエジプト綿となった。

現代では超長繊維綿と呼ばれ、エジプトをはじめ多くの国で生産されている。繊維は細く長く、撚れ角度が大きいので高級品とされ、薄手織物、とくにボイル、高級ブラウス、ハンカチなどの用途が多く、カタン系など強度が要求される製品に向いている。

●靭皮繊維を利用できる植物――コウゾ

【コウゾの分類】

コウゾ属は東アジア地域に生息する小さな属で、野生種のヒメコウゾ・ツルコウゾ・カジノキと雑種性栽培種のコウゾがある。野生のヒメコウゾは一般にコウゾと呼ばれており、栽培コウゾと紛らわしい。本草学者の小野蘭山（１７２９～１８１０）はこの違いについて、野生種はヒメコウゾ、栽培種はコウゾと名付け区別した（『本草綱目啓蒙』）。１９５０年代になり、猪熊泰三（１９０４～72）ら植物学者の提唱によって、栽培種のコウゾはヒメコウゾとカジノキの種間雑種説に落ち着いた。

和紙原料としてのコウゾ属は、基本的にカジノキ・ヒメコウゾ・コウゾ・ツルコウゾの4種である。多くの和紙関係の書物には、コウゾの種類がたくさん書かれており、地方・産地ごとに色々呼び名がある。こうした文献の多くは、コウゾとヒメコウゾのどちらについて説明しているのか、不明なことが多い。単にコウゾといっても実際は多くの種類が存在し、さまざまな紙質の楮紙があるのである。

コウゾを単一種と考えるのは誤解であり、この間違った認識を整理して、生産者も消費者も共通の知識をもって楮紙の特質を論じることが大切である。したがって楮紙をつくるには、それ相応の製造法を身につけ、総合的技術力のある職人が必要だといえよう。品質の安定性や生産者の技量の高い土佐の紙に利用者や愛好者が多いのは、このためである。例えば高知県においては、生産者が原料である数種のコウゾの性質を把握している。

【楮紙の特徴】

17世紀以降の紙の中に、桑紙と思われる物があるが、資料が小さく料紙の表面を充分観察できず、繊維判定が難しいので楮紙にした。資料の料紙に雁皮(がんぴ)紙も数点あるが、三椏(みつまた)紙は見ることがなかった。日本の活字本が出版された初期から紙の主流は楮紙であり、ガンピは高級出版物にわずかに使用され、ミツマタは出版物にほとんど使われていない。わが国の出版物は1600年代に多く刊行され、この時代の楮紙が全資料の半数を占めている。それ以前の資料数が少ないのは、戦乱が多く、僧侶や貴族階級も読書などできなかったと想像する。

紙の品質としては、1200年代の紙が優れている。これらの紙は内添に米の澱粉を使うか、表面にニカワや蕨粉(わらびこ)などを塗布してあり、ほとんどの紙は打紙(図1)されている。これらは仏典であるから当然、料紙の選択、印刷、製本も丁寧に行なわれたと思う。

図1　打紙作業の図

出典：其笑瑞笑著「新板絵入 教訓私儘育」(1750〈寛延3〉年)

鎌倉・南北朝時代の楮紙は、内部に米粉や米澱粉が見られる料紙が多くなり、これら内添物によって墨の「にじみ」を抑えることができたことにより、重労働である打紙をしていない料紙の割合が多くなった。

江戸時代も、僧侶や貴族階級向けの活字本の料紙は、鎌倉時代同様の処方でつくられているが、井原西鶴などの浮世草子の料紙は粗雑な紙となり、楮紙の質も多様になってくる。江戸時代以前の活字本に使われた楮紙は、丁寧な原料処理があり、ネリ剤はほとんどトロロアオイが使われていたが、浮世草子の楮紙は自然生育のビナンカズラやアオギリと思われる物の使用が多く、繊維の流れや地合(じあい)構成などが乱れた料紙もある。江戸時代後半は出版物が多くなり、料紙は、薄くて米粉や澱粉が内添され、使用が冬期に限定されるトロロアオイに代わり、いつでも使え

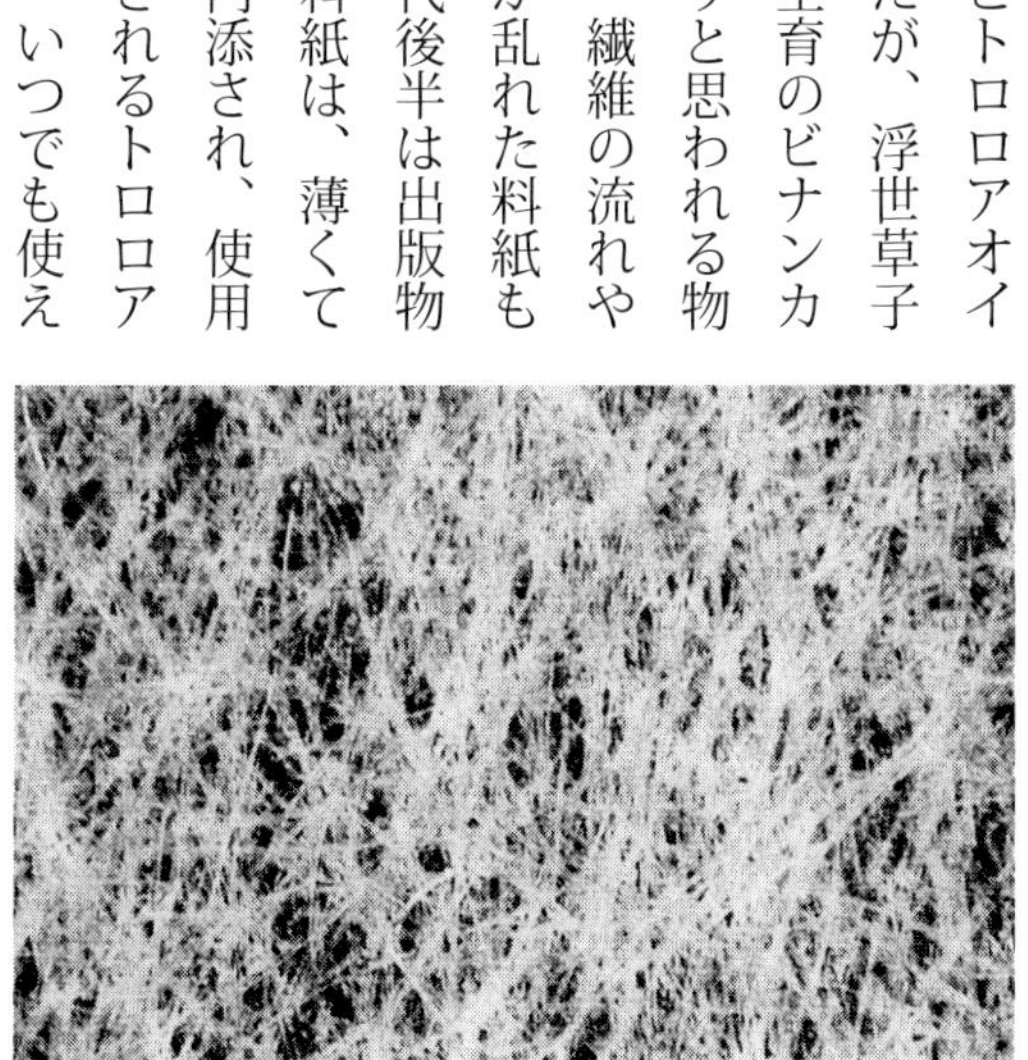

地合構成が乱れた料紙

るノリウツギ等のネリ剤を使った楮紙が多くなっている。

●靭皮繊維を利用できる植物―苧麻（ちょま）（ラミー、カラムシ）

中国やエジプトにおいて、古代より栽培されていた、有用な衣料用繊維である。ヨーロッパに紹介されたのは19世紀初めであった。その後１００年ほど紡績が盛んに研究されたが、充分な成功の記録はない。

日本では大麻同様、古くから衣料用植物繊維として利用され、夏期に冷感を覚えるので、湿度の高い日本では、とくに夏物衣料として重用された。醍醐天皇の時代（９００年頃）には、各地方から貢進された記録が残っている。戦国時代には、コウゾやウルシとともに、上杉氏、島津氏により栽培が奨励され、それ以来、越後、米沢、会津、琉球などの地方は現代まで、苧麻の特産地として知られている。

木綿栽培が始められると、大麻同様に衣料用繊維の地位を奪われ、明治時代がその生産栽培のピークとなり、大正時代に苧麻紡績工業の発展があったものの、原料を中国からの輸入に仰いだため国内の苧麻作は回復しなかった。昭和の初めから再び生産量は増大したが、大麻同様に軍事的事情によるもので、長期継続はしなかった。

繊維は淡褐色または黄緑色であるが、漂白すると純白で、外観は半透明で絹糸光沢がある。熱および水に対する抵抗力が高く、植物繊維中最も強度が高く、弾力・撚力も大麻や亜麻より優れているが、表面が平滑なため紡績しにくく、毛羽立ちが多いという難点がある。単繊維の長さは植物繊維中最も長く、太いので、和紙原料の中でも長いコウゾの15～20倍もあるので、切断処理をしないと製紙適性は生まれてこない。大麻等は水中叩打（こうだ）で切ることができるが、苧麻は刃物で切断する必要がある。これは『延喜式』に記されている通り、「截（せつ）」の工程があることで理解できる。

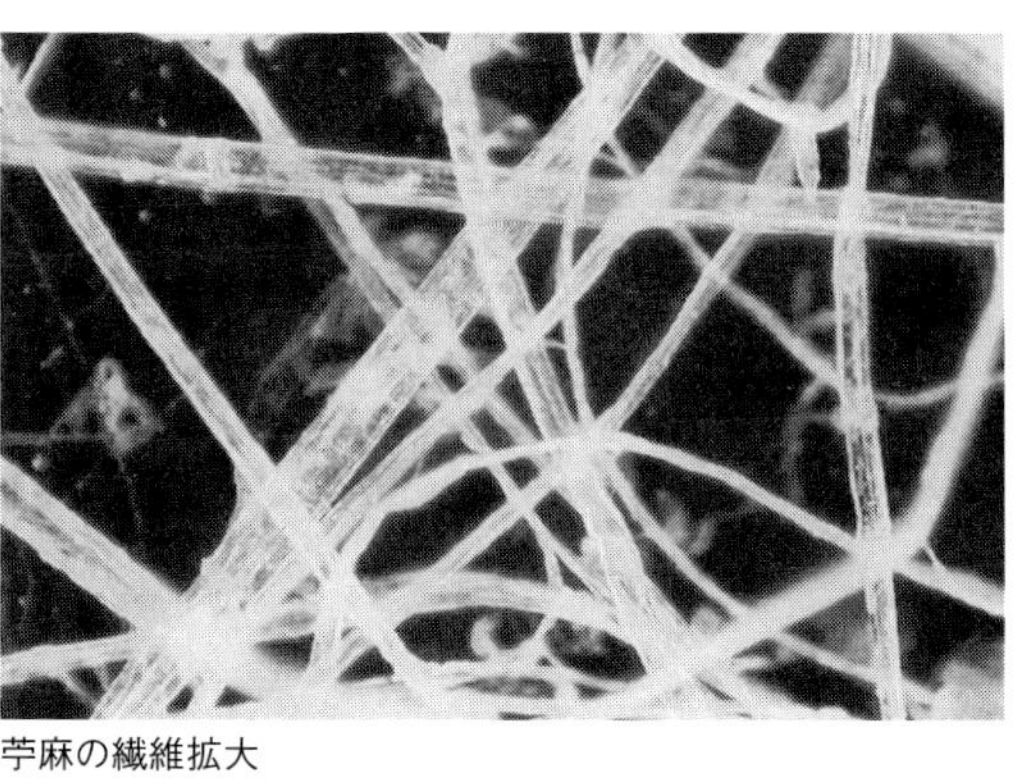
苧麻の繊維拡大

●靭皮繊維を利用できる植物―亜麻（リネン、アマ）

原料の段階ではフラックスと呼ばれ、比較的寒い地方で生育する。繊維は紡績して織糸、縫糸、漁網をつくる。毛羽が少なく、感触が良く、耐久性があるため、夏の衣料に適する。天幕地、帆布、レース糸等その使用範囲は広い。

日本では古くからの栽培はないので、和紙原料としての利用はほとんどないが、ヨーロッパにおける紙原料としての歴史は古い。

●靭皮繊維を利用できる植物―大麻(アサ、ヘンプ)

中国で最初に紙にされた繊維は大麻と苧麻であった。この時代において、2種はほとんど区別されてこなかったようで、中国の文献によれば、前漢時代の紙と称されるシート状物の繊維は、この2種が混合しているといわれている。大麻の繊維は粗剛であるから、織物にはあまり使われず、綱、漁網、各種糸類、蚊帳、帽子、草履などにされていた。

クワ科に属する一年生の草本で、雌雄の株がある。世界の各地で生産され、ロシア、イタリア、北米などがおもな産地である。

日本では神代から祭神の具に供され、木綿が栽培されるまで、織物用繊維として広く利用されていた。第二次世界大戦後、進駐軍によって麻薬とされて栽培が禁止され、現在は許可を得て栽培している。大麻の変種であるインド大麻は液汁が劇薬で、鎮痛剤、麻酔剤として利用されている。日本産大麻は、本来インド大麻と同種であったが、繊維利用の目的で長期間栽培している間に毒性は弱まり、戦前までは繊維植物として普通に栽培していた。種子は、がんもどき、七味等の調味料に、葉は陰干しして、刻んで煙草に混ぜたりして利用し、誰も栽培禁止作物との認識はなかった。

繊維は亜麻に似ているが、顕微鏡で観察すると、長さ方向に多数の条線があって、節や条痕があり、繊維幅は全体に太く、透明感が少ない。強度は高いが、伸度が劣り折れやすく、吸湿性で水に弱いので、地方によっては下駄や草履の鼻緒には大麻を使わず、コウゾやガンピを使った。

●靭皮繊維を利用できる植物―黄麻(ジュート、コウマ)

洋麻と呼ばれるケナフ、青麻と呼ぶイチビはほぼジュートの仲間で、おもにドングロスと呼ばれる麻袋(おもにコーヒー、コメ、ムギなど)の材料として使われ、繊維は短く、リグニン質が多いので、堅く折れ曲がりに弱く、衣料用には向いていない。

この植物の栽培は高温多湿の土地に適しているので、パキスタンやインドでおもに栽培されている。

紙にはジュート茎の黄麻屑、袋などの織布製品の屑が使われるが、和紙に使われた記録はほとんどない。ジュートの繊維は、リグニンの含有量が多いので常圧蒸解では繊維化が難しいうえ、漂白しても純白にならず、単繊維は剛直でミツマタやガンピより短いので、和紙原料には不向きである。

ジュートの繊維は、葉鞘繊維のように細いが、硬質であるから繊維に曲がりがない。19世紀後半のチベット経典紙や胎内印仏紙などでジュートの紙を観察したことがある。洋紙においてもジュート単独で使うことは少なく、木材やコットンなど他の原料と混合して、荷札用紙、広告用厚紙、表紙などに使われるが、淡黄色であるため、用途や使用量に限度がある。

●製紙用に利用できる植物―針葉樹

針葉樹のおもな繊維細胞は仮道管で、樹体の支持作用と同時に通導作用を行なう。平均の長さ3㎜、幅は30㎛の両端が閉塞した細長い紡錘形をしている。春材の仮道管は径が太く繊維膜は薄く扁平となる。夏材の仮道管は径が細く膜が厚い頑丈な円筒形である。

●製紙用に利用できる植物―広葉樹

針葉樹の組織より進化し、細胞の役目も分業化している。支持作用をするのは木繊維で紙の原料繊維の対象になる。樹種により差があるが構成要素の占める割合は最も多い。繊維の形態は両端の先鋭な細い紡錘形で繊維膜は厚く円筒形で、平均の長さは約1㎜、幅20㎛で針葉樹仮道管より小型であるが強い。樹液の通導作用をする導管は構成要素の20～30％を占める細胞で、春のごく短い期間に樹冠を広げるので急速に水分を運ぶ必要から発達したものである。その形状や大きさ、両端の切り口は樹種によって異なる(『原木・調木』紙・パルプ技術協会発行)。

●葉柄繊維を利用する植物

【マニラ麻(アバカ)】

フィリピンに多く栽培される宿根性の草本で、バナナやバショウの近縁種である。地上にあるのは真の茎でなく、葉鞘が重なり合ったもので、真の茎は地中にある。フィリピンでは布を織り、衣類や袋に使われていたが、広く知られたのは19世紀中頃で、安価で強く、軽くて湿気や摩耗にも耐えるので、船舶用綱、滑車の綱などロープ、漁網の原料として使われた。

紙には、1913年に機械すき和紙の補助原料として使われ、その性質がミツマタやコウゾに似ていることもあり、使用量は拡大していった。機械抄紙では紙質はコウゾの感触があり、色調も和紙風であり、操業上におけるポンピング(繊維を均一に浮遊させる工程)や抄紙性はミツマタと同様に使えた。

マニラ麻(写真：志賀昭征)

茎状の葉鞘は直径20㎝前後の太さがあり、外周部の繊維は着色してちりなどの混入もあるが、内層部は色も白く柔らかい

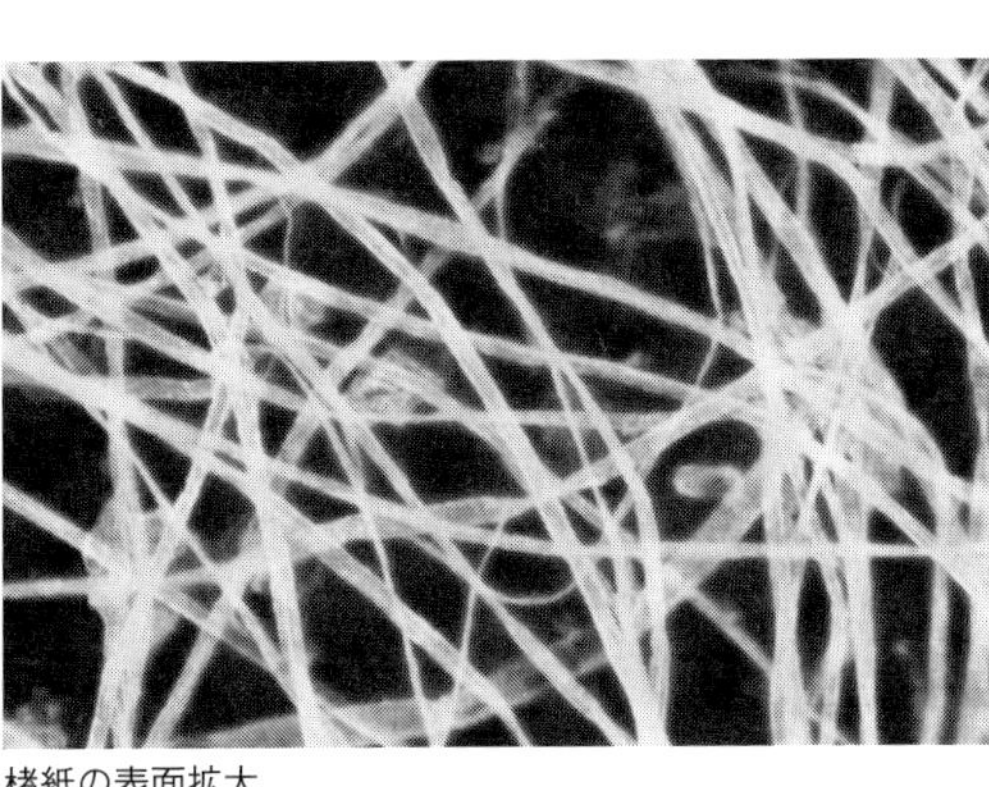
楮紙の表面拡大

など、さまざまな繊維が採取できるので、製紙用には使用目的によって各層を使い分けている。第二次世界大戦前は原料不足もあり、ロープや漁網の使い古したものが紙に使われたが、現在では、中層より外側の良好な精選された原麻が使用されている。

紙の用途として最も多いのは紅茶や緑茶などの分包に使われるティーバッグ用紙、機械漉き障子紙、高級証券用紙、荷札用紙などのほか、日本では1965年以降にミツマタの代替として紙幣用紙にも使われている。アバカの繊維は表面に細かい皺があり、不透明性が高いので、切断叩解すると「透かし」の入りがよい原料になる。アバカには他の葉鞘繊維にはない細かいレンガが組み合ったようなステグマタと呼ばれる細胞があり、他の繊維との識別に使われる。

近年日本人が南米エクアドルでアバカを栽培し、これを輸入してパルプ化したものが市販されているが、フィリピン産よりも繊維が太く長いのでコウゾの繊維に似ている。

【バナナ】

果肉を食用にするために栽培される植物で、植物の形態は近縁のアバカやバショウに似ている。熱帯の各地で栽培され、生のまま食べるフルーツバナナと料理して食べるバナナがある。

繊維は果実を採取した後、仮茎の中心部から得るが、強度が低いので、綱や網などには使用しないで、紐などに使われる。バナナの繊維はコウゾ繊維に似た太く長い繊維と、ミツマタ繊維よりも細い繊維が混合している。繊維以外の細胞が多く残っていて網目詰りなどの抄紙性を阻害し、細い繊維だけの繊維塊をつくるので、紙の表面が荒れやすい。繊維の蒸解処理法によっては、非繊維細胞は除かれアバカ並みの紙がつくれるが、繊維の収率が減少する。和紙にはワラや草類などの茎稈（けいかん）繊維と混合して、短い繊維の繋ぎ材と紙力向上の役目をしており、良質の書道用紙がつくられている。

●茎稈繊維を利用する植物―稲ワラ

【ワラ紙の歴史】

わが国における稲の栽培は、弥生時代には一般化していたといわれていて、ワラでつくられた紙が、正倉院文書の中に波和良（波和羅、葉和良、葉藁）などの名称で出てくることから、この時代にワラ紙は存在したと思われる。しかし繊維化の方法やワラ紙の製法の記録がほとんどないことに疑問を感じる。

久米康生著『和紙文化辞典』(わがみ堂発行、1995年刊)の「わらがみ」の解説によると、「稲ワラまたは麦ワラで製した紙。中国唐代の詩人元稹(げんしん)(779〜831)の詩に麦紙のことが書いてあり、蘇易簡の『文房四譜』の「紙譜」は、『浙人は麦茎、稲稈で紙をつくった』としている。奈良時代の正倉院文書にも葉藁紙、波和良紙、葉和良紙とみえているが、中・近世の甲州藁檀紙、筑後の豊年紙、水戸の麦光紙なども原料にワラを用いている」とあるので、古くからワラ紙はつくられていたと思われるが、その原料が稲か麦か定かではい。

寿岳文章著『日本の紙』(吉川弘文館発行、1967年刊)に、正倉院文書の中のワラ紙について詳しく述べている。

「特に藁とは稲の茎か麦の茎かのどちらかに可能性が多いか検討し、麦の輸入は稲に比べはるかに遅く、麦稈の利用はまだ未開発の分野が多かったように思う。また麦の収穫の時期は夏で、水稲栽培の準備がいそがしいのと重なるので、麦稈の利用を妨げた原因であったかもしれない」などの理由から、概ねこの頃のワラ紙は稲ワラであろうとしている。また「この紙が、一般的には上質の紙でなかったことを連想させる」との記載もあり、灰分の含有量が高く、その多くが珪酸化合物である稲ワラは、紙をつくるための繊維を取り出すことが難しいので、化学薬品が発達していない奈良時代に、良質な紙をつくることは不可能と考えていた私と、同意見となっている。

ワラ紙は歴史的には古くからつくられていたが、良質な書写用紙ができないことや、ワラ繊維単独では紙が脆弱で使用範囲が狭いなどの理由から、中・近世での生産は少ないが、江戸時代の色鳥の子紙や間似合紙などの雁皮紙に、補助原料として10〜20%程が加えられた紙を観察したことがある。

近代になり化学薬品の発明と蒸煮技術の開発で、1800年にアメリカでワラパルプが製造され、初期のワラパルプの紙は食肉の包装用紙に使われていたようである。

わが国で麦や稲を主体にした茎稈植物を使った紙として、1876(明治9)年、東京牛込区の工場で稲ワラを原料とした手漉き板紙を製造した記録がある。その3年後、大蔵省印刷局抄紙部が初めて稲ワラを紙の原料にして以来、和紙業界にも半紙、半切紙、書院紙などの補助原料として使われていたが、大量生産は1882年、印刷局の大川平三郎が欧米でワラパルプの製法を学んで帰り、工業化したとき以来である。

洋紙においては不足してきた破布パルプの代用とされ、創設されたばかりの逓信省の切手、はがきなどに使われ、その製品の利用価値を高めた。1890年前後につくられた切手の紙は、破布パルプに混合して稲ワラの繊維が多く使われ、現在のワラパルプと遜色ない色調と風合いがあり、その当時のパルプ製造技術に驚いた経験がある。

【麦ワラ】

単繊維の平均長さ1・3㎜、幅13㎛で全体に稲ワラよりも大型である。粗繊維は茎部に42～48％含まれている。麦ワラからパルプを製造して紙をつくる方法は、１８００年にヨーロッパで採用されていて、イギリス人のクープスは１８０２年に「ワラからつくる紙の製法」をワラ紙を使用して発表している。

【エスパルト】

イギリス人は日本人同様に潔癖性であるので、使い古した破布で紙を造ることを嫌い、これに代わる製紙原料を検討した結果、スペイン産エスパルトが製紙に向いていることを１８５０年に見出し、10年後に工場で使い始めたのが最初といわれる。

海外貿易が盛んであったイギリスは、東南アジア等に輸出した物資を降ろした運搬船を活用して、束にして梱包されたエスパルト草を積載して運び、イギリス国内でパルプ化した。パルプ化の方法はワラパルプと同じであった。エスパルトはワラと同様な化学成分であり、単繊維の形態もワラに似ているが、繊維壁が厚く、内腔は線のように細いので、崇高で軽い紙となる。単独で用いると粘りのない脆い紙になりやすいが、他の繊維と配合すると透かしが鮮明となり、カレンダー（紙を平滑にし、光沢をつける機械）を通すと、表面平滑で嵩が高い特殊な高級印刷用紙ができる。イギリスではコットンと混ぜて伝統的に高級印刷用紙や特殊な版画用紙がつくられている。

エスパルトの繊維拡大

ワラパルプとエスパルトの繊維は類似である。しかし、ワラパルプには節部の小判型の細胞が見られるが、エスパルトは厳密には葉鞘繊維であるから節部の繊維はない。2品とも鋸歯状細胞があり、エスパルトがやや大きい。

【アシ】

至る所の水辺に自生する多年草草本植物で、地下に根茎を縦横に伸ばし、ここから茎を直立する。単繊維の平均の長さは、1・2㎜、幅14㎛でワラに近似している。印刷適性がよく広葉樹クラフトパルプ並みの強度がある。

【タケ】

・竹紙の製法

1637（崇禎10）年に出版された宋応星（そうおうせい）著『天工開物』殺青編中に、竹紙の製法についての次の記載がある。

①枝が出る前後期に若竹を切る。②溜め池に入れ百日浸す（自然醗酵またはレッチング）。③粗殻と青皮を槌で打ち、洗い去る。④石灰液を塗る。⑤八昼夜、蒸煮する。⑥竹麻を洗

う。⑦薪灰を通す。⑧また釜で蒸煮。⑨十余日草木灰液を注ぎながら浸す(醗酵精錬)。⑩臼で搗いて原料にして漉く。

清代の陝西南部においても、近代の江西省、台湾でも類似の製法であった。北部地方の肉が薄く堅い竹でつくる白い竹紙は、表皮部が白色の若竹を使い、黄色の竹紙は表皮部が緑味になった若竹を使用する。南部地方の肉厚で太いバンブーでつくる竹紙は、肉部を白色紙にして上皮部を黄色紙にしたという。日本では、若竹の節部を取り去り、縦に裂いて表皮部を削り取り、アルカリ液で蒸煮後、壺に移して100日以上放置する製法が明治時代後期に土佐で行なわれた(中国のレッチングと同様)。軟弱になったら叩打して繊維を分散する。丹後半島では、現在もこの製法で竹紙がつくられている。

1930年代になって、岐阜で竹パルプがつくられたが、若竹を苛性ソーダで蒸解して製造された洋紙用と思われる。

・竹紙の性質

生長した竹材はペントザンとリグニンが多いので常圧蒸解(圧量のない状態)は難しい。これらが残留した繊維は非繊維分が多く、粘りがなく裂けやすい紙となってしまう。長い経験から得たのは、生長していない若竹をレッチング(醗酵精錬)してパルプ化することであった。

原料が若竹であることは変わらないが、竹の種類や度合い、生育部位によって繊維の形態が異なる。そのため竹紙の種類は非常に多く、その抄紙法によって紙質も違ってきて、製造できる紙の種類も広範囲にわたっている。

繊維は平均1・4~1・7㎜で他の草本靭皮類よりも長い。繊維幅は平均13~16μmで、長さと幅の比が小さいので、抄紙性がよく表面が平滑となる。繊維を叩解する洋紙では、特殊な繊維構造のために100%の竹紙はつくりにくいが、他の繊維と混合すると特殊な高級印刷紙もできる。

竹紙の耐折強度は低いが、破裂・引張りなどの強度は針葉樹パルプと同等で、密度がよく(嵩が高い)、紙面が滑らかである。墨の油分の吸収がよく、墨の残留が多いので墨色がよく雅味が生まれる。印刷用紙にも適し、墨色・彩色も優美であり、紙の耐久性が高いなど、他の植物繊維にない特異な性質がある。そのため中国や日本の書家などに竹紙は愛用されたと思われる。

和紙の製法

●初期の和紙原料と製法

麻(あさ)類は人類にとって身近で、生活に密着した植物であった。そのため、中国で紙が発明された時に原料として最初に使われた植物繊維であり、日本でもヨーロッパでも最初の紙の原料は麻の繊維であった。

製紙技術が発達すると、日本の各地に生育して入手しやすく、太布(たふ)などの織物にも使い慣れていたコウゾが使用され、最初は麻類同様に切断して使用していた。

植物繊維は、結束しており煮熟(しゃじゅく)や水洗いなどの処理だけでは崩れないので、紙にするには、この繊維の結束を個々の繊維に離解しなければならない。離解は、手指でもある程度可能で、離解しただけでも紙は漉ける。しかしその場合は、紙面に凹凸やムラができ、地合(繊維の分布状況)が悪く、強さも劣るので、いったん離解した繊維をさらに適当な長さに切断した後、平均した厚さにする叩解作業が行なわれる。書写材に使用する場合は成紙後に打紙して、紙を平らにする必要があり、繊維の切断とともに打紙は大変な労働であった。

正倉院の紙を見ると、コウゾ類にガンピ類の繊維を混合した量の多いものほど紙質の地合が均一し、薄くて美しい紙になっている。これはガンピ類の繊維には粘質性のヘミセルロース成分が多く、紙料液の粘度を高め、簀(す)からの水漏れが遅くなり、余分の液を捨てることにより、不純物などが除かれる流し漉きの技法が使われたためである。

●流し漉きの発見、ネリ剤の活用、半流し漉きの開発

流し漉きの技法が発見され、液の粘性に注目した結果、ガンピ類の他に、さらに粘りを与えるものとして、トロロアオイやノリウツギ、サネカズラなど、色々な植物の粘液の活用に発展し、今日の流し漉き法の姿に達した。

溜め漉きは繊維が固まりやすく、紙面に厚薄のムラを生じやすい。流し漉きはネリの作用と揺動の方法で繊維はよくほぐされ、紙面にムラを生じず、重労働である打紙工程が除かれたが、厚い紙がつくりにくいという難点があった。これを解消する方法として、溜め漉き法と流し漉き法の双方を応用した半流し漉き法が生まれた。この製法は流し漉き法と同じ紙料と用具の使用で、溜め漉きと同様な厚紙をつくることができた。

近世になると紙の需要が増し、紙色がよくないミツマタを原料とする紙が書写材に使われた。前述したように、ミツマタは1598(慶長3)年に書かれた「家康黒印状」として知られる古文書に初めて現われるので、この頃までには多く使われるよう

になっていたと考えられる。三椏紙の色は赤茶色であったが、毛筆で文字を書きやすいので重要な書写材であった。現在でも書道用紙の重要な原料の一つである。

●和紙製造の基本工程

私は40余年間、洋紙製造の研究をしてきて、和紙にも洋紙にも必ず行ないいくつかの共通の工程があることを学んだ。それは、

1　繊維植物を一本一本に単繊維化して分散すること（繊維化またはパルプ化）
2　単繊維化した繊維を水に入れ、繊維を水になじませること（繊維の調成）
3　網または簀を用いて、繊維と水を分離して繊維のシートをつくること（手漉き、抄紙）
4　繊維と繊維の間にある水を搾り取ること（脱水、圧縮）
5　湿紙を何らかの方法で乾すこと（乾燥）

であり、和紙も洋紙もこれらの工程は必ず必要である。石州半紙の製造工程を図解とともに詳細に解説した国東治兵衛（くにさき）の『紙漉重宝記（かみすきちょうほうき）』（1798〈寛政10〉年刊）を詳しく見ると、これらの工程が詳細に説明されてあり、この記述こそが和紙製法の基礎で、最低必要技術を表現していると思える。

●繊維化―繊維分散―抄紙化

【繊維化】

（1）アルカリ性薬液による蒸煮（じょうしゃ）

化学薬品が出現する以前は、木灰液（きばい）や石灰液（せっかい）が使われ、その後はソーダ灰や苛性（かせい）ソーダが使われた。現在の製紙業界では最も一般的な方法である。

（2）物理的動力による繊維分散

砥石状物に木材を擦りつけ、大根おろしのように摩（す）り下ろして繊維を得る。

（3）レッチング法（醗酵精錬）

おもに麻（あさ）類の繊維を取り出すための方法である。すべての繊維に用いるわけではないが、原料になる植物を清水の中に数十日浸漬（しんせき）する。竹紙に使う若竹などは2～3カ月、石灰液に浸漬する。洋紙の場合は、亜麻布や木綿布のボロに腐食した乳製品・動物の血・人尿などを掛け、原料室に放置しておく。

【繊維分散】（切断と叩打または叩解する繊維化法）

（1）刃物などによる切断

鋭利な刃物で繊維を切断する。こうすることで、平滑度の高い紙をつくることができる。

（2）石や硬い木などで叩き潰す

薬品によって軟弱化した繊維組織を、叩いて分散させる。

(3)磨り潰す
水力や動物の動力により臼などで練り潰す。

【抄紙法】

(1)澆紙(ぎょうし)法
水中に入れた紙漉きの簀桁(ずけた)(漉き簀と漉き桁を合わせてこう呼ぶ)の中に、適当な量の紙料液を入れ、手や棒で液を分散させて、漉き簀を持ち上げて水を漉して湿紙をつくる製法。

(2)溜め漉き法
紙漉き槽の紙料液を、紗や竹簀(たけす)などの漉き枠の中に多量に汲み込ませ、水が漏れ出るまで静止して湿紙をつくる製法。

(3)流し漉き法
原料液に粘性の高いネリ剤を加え、繊維の沈降(ちんこう)・凝集(ぎょうしゅう)性を抑制した紙料液を竹簀や萱簀(かやす)などの漉き具で漉き、最後に残った水は捨て去る製法。

(4)機械漉き法
長い金網をエンドレスにつなげ、機械的に回転させ、この網の上に紙の紙料液を流し込み、湿紙をつくる長網(ながあみ)抄紙法と、円筒状につなげた網を、紙料液の中に半分ほど入れ、回転して網に付着した湿紙を絞り乾燥する円網(まるあみ)抄紙法との2つがある。

【湿紙乾燥法】

(1)漉き網天日乾燥
紙を漉いた網や紗などに付着した湿紙を、脱水しないで、そのまま天日で乾燥させる。

(2)紐や細縄に吊し乾燥
抄紙された湿紙を、ジャッキー(圧力機)等で機械的に脱水し、紐や縄に吊るし乾燥させる。

(3)平面乾燥
芝原や石畳の上に湿紙を置き天日乾燥する。

(4)貼付加熱乾燥
平面に対して、側面に貼り付ける方法。厚板貼付天日乾燥・壁貼付加熱乾燥・厚板貼付熱室乾燥などがある。

製紙の基本原理はこれまでずっと変わらないが、製紙の方法には大きな変化がある。加えて、原料である植物の繊維は、各地の環境条件によって生育する植物の種類やその性質に大きな違いがあり、各地特有の方法でさまざまな紙が生産されてきたのである。

●溜め漉き

溜め漉きは中国から伝来した伝統的な製紙法であって、現在、正倉院に伝わる飛鳥・奈良時代の典籍・文書等の紙は溜め漉きで漉かれていると聞いている。

927(延長5)年に制定された法律の施行規則である『延喜式(えんぎしき)』の記事に製紙法があり、この時代の製紙法は原材料を木灰液などで煮る「煮(しゃ)」、煮え終わった原料の異物や未蒸煮繊維を取

図2　中世の溜め漉き法

出典：浪華暁鐘著「大金新童子往来」（1837〈天保8〉年）

り除く「択」、煮ただけでは繊維が長く、抄紙でき難いので短く切断する「截」、切断された繊維を膨潤軟化するため臼などで搗く「舂」と、紙を漉き乾かす「成紙」がある。この製紙法は紙が普及した地域に共通した製法であって、いわば古代紙の製紙法（溜め漉き法）の規定であった。しかし溜め漉き法には大きな欠点がある、それは植物の繊維に起因することであるが、植物の繊維は水中で沈もうとする沈降性と、集まろうとする凝集性の2つの大きな性質があり、製紙技術はこの沈降性と凝集性をコントロールすることで優れた紙がつくられる。

溜め漉き法は繊維をよく叩く工程があり、これは繊維に水を含ませ膨潤させ、繊維自身に粘性を持たせることで、沈もうとする性質を抑えている。繊維を切る工程は、長い繊維ほど集まろうとする性質が強いので、短く切って水中分散性をよくしている。この2つの工程の欠点は大きな労力が必要なので、中国や韓国では石臼を使い、牛や馬の動力を利用して叩き、切断している。ヨーロッパでは水車による水力を利用して叩き、切断していた。

寿岳文章氏は、「この溜め漉きに対して、流し漉きは日本独自の製紙法で、平安時代前期頃から成立したと思われる」として、「2法の違いは繊維の方向性と紙面の厚薄のムラ（地合と思われる）の2点に要約される」とされ、「流し漉きの特徴は『捨て水』を行なうことと、植物性の『ネリ液』の活用を詳細に説明」されている。この説明によると、わが国の抄紙法が奈良時代の溜め漉きから、一足飛びに現在の流し漉きに転換したように書かれている。現在、和紙に関係している多くの人々は、この文章を基礎として和紙の歴史的製法を論じており、私もつい最近まで同

溜め漉き紙の拡大（表面）

溜め漉き紙の拡大（裏面）

様に論じてきた。
溜め漉き法による古代紙は、繊維に方向性がなく表面と裏面の違いも少ない。

●半流し漉き

具体的な「半流し漉き」の製法は『高野紙』から引用する。この書は高野山親王院の院主中川善教師がまとめ、1941(昭和16)年3月に便利堂から刊行された。内容は昭和初期に高野山麓下古澤で行なわれていた高野紙製造の実態を記録したもので、多くの写真と当時の見本紙が添付されている。

抄紙は萱簀を檜でつくられた横1尺6寸2分(約49㎝)、縦1尺1寸5分(約35㎝)の上下の枠に挟み、枠を手に持ち漉き槽の中に入れ原料液を汲み込む、2、3度前後に揺り動かし、液面を平均にして又原料液を汲み込み前後に揺する、液面が平均したら、漉き槽の左右に渡してある竹を中央に寄せ、その上に枠を置き湿紙にあるチリなどを指で取り除く、そしてまた原料液を汲み上げ前後に揺すり表面を平均にして紙ができる。

上枠をはずし湿紙の上に別の萱簀を1枚置き、左側を高くして上から手で抑えて水を垂らす、水が十分切れたら上に重ねた萱簀は次の紙を漉くのに使われる。湿紙の付いた元の萱簀は下枠から外し漉き槽の横に立て掛けて置く、簀から垂れる水は漉き槽の中に流す。これを13回繰り返した後(13枚の萱簀が使われている)、萱簀に付いた湿紙を移し板(紙床)に移し一区切りとする。移し板には2日間で1200枚程重ねて表に出すが、時には冬を越して春になってから乾すこともある。

天気の良い風のない日を選んで紙を乾すが、移し板から若干の湿紙を取り「ヘネ板」に移し、この板から松材でつくられた乾し板に貼られて乾燥する。

この書に添付された見本紙と中世の高野紙について、紙面の繊維の流れや異物の分布、繊維分析と添加物などを検討した結果、2紙に大きな差は見られなかったので、中世の高野紙は半流し漉き法でつくられていたと判断できる。

●流し漉き

中国から伝わった溜め漉き法に対し、日本独自の紙漉き技術として、流し漉き法について寿岳文章はその著『日本の紙』(吉川弘文館、1978年6月発行)「初期の製紙機構」の項の中で、次のように述べている。

日本では、流漉(ながしすき)という独特の抄紙法が発達した。用具は

紙漉き(協力:浜田治、写真:小倉隆人)

同じであるが、紙料の処理と、漉き立ての時の操作が違うのである。現在行なわれている流漉法を簡単に説明すると、まず清水を入れた漉槽の中へ紙料原質を投じ、よく混ぜあわせたのち、馬鍬と称する櫛状の攪拌器を片手で操作し、前後に二百回内外、ざぶざぶと攪拌し、十分に繊維を離解させる。次には、あらかじめ用意しておいた植物性のネリ液(トロロアオイ、ノリウツギなど)を、漉槽に入れて混和させるのであるが、ネリ液は気温が高まると効果を減ずるので、この投入量は季節によって違う。準備ができあがると、漉工は、溜漉の場合と同じく、漉桁の手もとを下げて浅く紙料を汲みこみ、すばやく繊維が平均に簀面全体にゆきわたり、言わば繊維の薄膜ができるように操作する。これを「初水」「数子」「化粧水」など、地方によってさまざまに呼ぶ。次に第二回目の汲みこみをする。初水よりは心もち深く紙料をすくいあげ、漉桁を前後に(紙の種類によっては前後左右に、しかし前後の割合が常に多いのを原則とする)微妙に揺り動かし、水の漏下と共に繊維を平均にからみあわせる。汲みこんでは数回くりかえされるこの操作を、調子という。調子によって紙の厚薄がきまる。求められる厚さの紙層が、簀の上にできあがると、簀の手もとの方を水面と三十度内外の角度に下げ、簀の上に残っている水液の約半量を手もとから流し、残り半量の水液は、桁を反対に前方へ傾け、押し出すようにしてパンと流してしまう。この操作を「捨て水」と呼ぶが、捨て水こそいわゆる流漉特有の手法であり、これによって、浮塵・黒点・繊維の結束その他の不純物は流れてしまう。和紙抄造工程において、不純物除去のためのスクリーンが用いられないにかかわらず、予想外に純良なのは主としてこの捨て水のためである。しかも漉きあげた成紙は、溜漉の場合と違い、一枚一枚の間に紗のような隔離物を入れる必要がない。ネリの作用で、どんなに高く紙床を作り、重石にかけて水をしぼり出しても、乾すときには完全に一枚一枚が紙床からはがされる。また吉野紙のような極度に薄い紙を漉くことも、流漉なればこその手技であって、そこにこの法独特の長所がある。

●『紙漉重宝記』にみる紙の製法と現代の製法

国東治兵衛が寛政10(1798)年に刊行した『紙漉重宝記』は、石州半紙の製法を絵図も使いながら説明しているのでわかりやすく、文章も適確であるので、多くの人々に愛読され、外国にも広く伝わり、和紙製造の指南書として貴重な書物である。

・「叩解」―楮苧擲（たた）く図（絵図の⑩）

表面の均一な紙をつくるには、繊維を完全に単繊維化することが大事なので、原料を叩いて単繊維化している図で、これを「叩打」「叩く」などと呼んでいる。

洋紙は繊維を切断したり、潰して繊維の形を変えてしまうほど叩く「叩解」をして紙とするが、和紙は繊維の持っている性質を、そのまま生かすことが特徴なので、繊維が切れたり、潰れたりしないように、マイルドに叩くことが有効と考える。

・「原料の再洗滌」（紙出し）―『重宝記』にはない工程

この作業は水上勉の小説『弥陀の舞』に詳しく書かれているが、越前奉書紙には欠かせない工程である。叩きが終了した原料を木綿袋に入れ、流水でよく洗う。これは非繊維細胞や微細繊維が流失して、純粋な繊維が残り、耐久性の高い白色紙がつくれる。しかし繊維を接着するヘミセルロース成分も失うので、紙力が弱くなる、そこで再び叩き台に戻して、叩くと繊維はい

図3 『紙漉重宝記』の紙漉き工程図

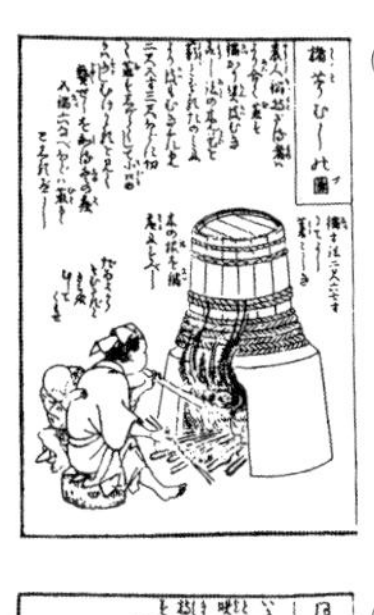

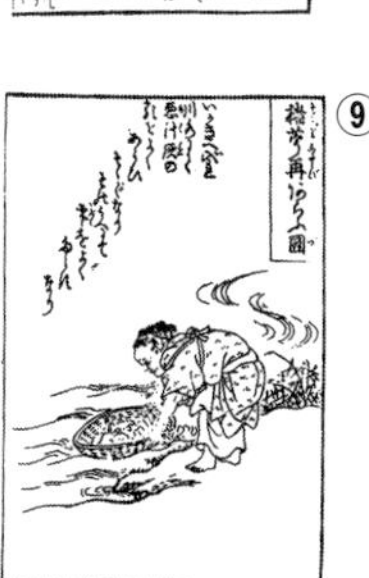

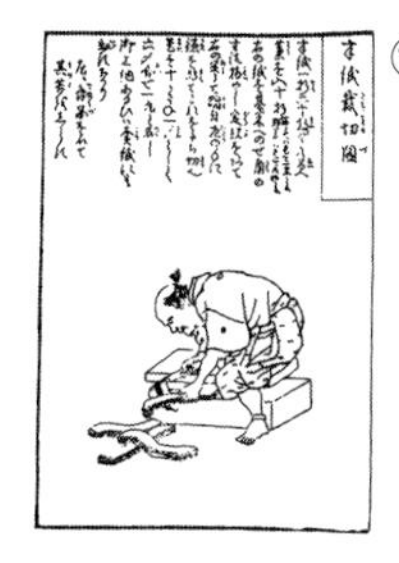

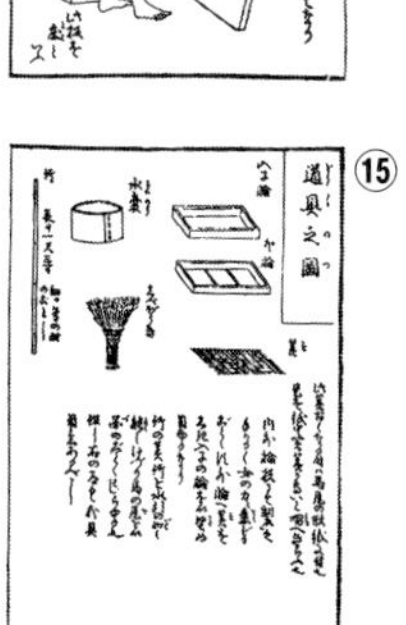

①コウゾを刈り取る ②蒸す ③皮を剥く ④干す ⑤水に浸ける ⑥黒皮を削る ⑦あくを抜く ⑧コウゾを煮る ⑨コウゾを再び洗う ⑩棒で叩解する ⑪紙を漉く ⑫干す ⑬裁つ ⑭仕立てる ⑮紙漉きの道具

っそう膨潤し柔軟性が増加し、繊維接着面の拡大で繊維自身の接着力が出てくる。このような繊維は、乾燥時に熱による伸び、撚れ、縮みなどが起き、成紙は繊維空間が多い。繊維の内部膨潤による強い面接着が生まれているため、柔らかくて強い紙ができる。私が繊維分析してきた奈良・平安時代の紙は、洗滌が丁寧で、虫喰いや変色が少ないが、江戸時代の紙は、原料の洗滌が少なく、非繊維細胞が多く残り、脆く、虫喰い跡が多い。

・「舟立て」―半紙漉之図から（絵図の⑪）

洗滌された原料を、大きな櫛の歯のような分散具（馬鍬）で、舟の中の原料を一本一本に離解分散した後、さらに竹の棒で十分に攪拌する仕事で、美濃の紙漉きをする女性が言っていたが「紙を漉く仕事の中で一番つらいのは、馬鍬を動かすことでした。今は電動になり、この間にお茶休みができるので、大変楽になりました」。私も経験しているが、腕が疲れるつらい作業であり、女性には相当に厳しい作業であったと想像できる。高知県で典具帖紙を漉き、重要無形文化財（人間国宝）に認定されていた浜田幸雄さんは、紙を漉く前に馬鍬で原料液を攪拌後、棒で行なうバエ攪ぜを1000回以上も行なっていたという。これが薄くて強い典具帖紙をつくる秘訣であろうと思う。絵図には馬鍬のことが書かれていない、石州地方では、馬鍬は使われていなかったと思われる。

漉き舟に入れた水と原料の繊維は、できるだけ馴染ませ、繊維一本一本を独立させ、水中に均一に分散させると同時に、トロロアオイなどの粘性の高いネリ剤とも馴染ませるため、原料液を充分攪拌することが大事で、この工程で手抜きをすると、紙力のない、地合の悪い粗紙になりやすい。絵図はネリ剤を舟の水に混ぜている、女性の右側にはバエ攪ぜをする棒が見える。

・紙漉きのポイントとなる3つの工程―半紙漉之図より

絵図は半紙を漉く図であるが、文章には杉原は重いので男が、半紙は女が漉くとある。漉き方については、記述がないが、激しい「縦ゆり」が行なわれている現在の石州と同一と思われる。竹の棒で充分混ぜるのは、ネリ剤が繊維に馴染み、水にも均一に分散すると良質な紙ができ、ネリはトロとも呼び、これの量が多いと辛トロといい、締まった密度の高い強い紙になるが、脱水が遅く厚紙はできず、漉く枚数も少ない。トロが少ない場合は甘トロといい、柔らかくて、嵩高で弱い紙であるが、漉く枚数が多くなり、乾燥も速くなる。この製法は生産枚数が多いが、地合が悪く低級紙になりやすい。

「桁持たせ」にもたせ雫をたらし、と記してあるので、先に漉いた紙を、紙床に直接被せずに、絵図の⑪にある女性の左側に見える桁持たせに立てかけて、湿紙の水分を取る。この製法は高野紙の製法に似ている。この絵図からは流し漉きか、溜め漉きかは判断できないが、ここでは流し漉きとして、これを解説する。

紙漉きは、紙をつくる工程の中で、最も注目される工程である。この段階で手漉き職人は、つくられる紙の構想はできている。その後は紙の大きさと厚さであるが、大きさは枠できまるので、厚さを一定に揃えることと、異物を紙中に残さないことに集中する。流し漉きには大別して3つの工程があり、漉く紙、用途、漉き手の技術によって異なるが、概ね次のように行なわれる。

【初水または化粧水】

枠に竹簀か萱簀を挟み、舟水を汲み込む作業で、舟の液面にある繊維をすくい取り、漉き簀全体に繊維を均一に広げる、簀の面に均一に繊維が並ぶように3～4回すくう。汲み込みの液量が多いと、溜め漉き風地合になり、簀の面から湿紙が剥れ難い、少ないと簀の全面均一に繊維が分散しない。繊維面に残された異物や繊維束は確認して、ピンセットなどで取り除く。

【調子】

初水で簀と繊維で網目ができたので、調子は液面深く汲み込み、ここで紙の厚みを調整しながら、繊維の流れをつくり、強度、しなやかさを持たせるため、横揺り、強い縦揺り、留め置きなどをして紙の肉付けを行なう。この工程で紙質が決まるので注意深く行ない、汲み込み数は手漉き時の様子による。異物などは丁寧に取り除くと、優美な紙がつくられる。

【捨て水】

調子掛けのできた時点で、枠内に浮遊した異物と同時に、簀の上に残った原料液を向こう側に捨てる。初水で、一度に多量の液を汲み込んだ場合や捨て水の勢いが強いと、湿紙は簀から剥離することがある。この作業が和紙独特の製法といわれるが、私は次のように考える。

初水または化粧水は舟水液の上部を汲むが、ここには水に浮きやすい長い繊維が多く浮遊しているので、紙の質の面に長繊維の薄い層をつくったことになる。この上に調子を掛け、長短が混ざり合った繊維の厚い層ができる。最後の捨て水は流れをゆっくりして、沈みやすい短い繊維を残し、軽い繊維と水に浮く異物が捨てられ紙の原形ができる。人の眼では判別でき難いが、簀の面に長い繊維、反対面に短い繊維の2面ができる。

物質は同質の物質には接着しやすいが、異質な物質とは交わりにくい性質があるので、和紙の流し漉きは、物質のこうした性質を利用して、裏と表に繊維形態の異なる層をつくり、脱水後の湿紙が床離れしやすくしている。もちろん、この床離れに重要な役割をしているのはネリ剤であるが、繊維の性質を考慮し紙の表と裏の構成を変えた製法が流し漉き法と思われる。

- 「湿紙乾燥」―紙干之図（絵図の⑫）

湿紙を板に貼り付けて天日乾燥する図であるが、天日による乾燥は、高温にならないので、繊維間にある自由水は蒸発するが、繊維の内部にある保持水は残るため、和紙はしなやかで、柔らかい。洋紙のように、高温乾燥すると繊維の熱劣化にも繋がり、さらに静電気が発生して成紙同士が付着しやすい。近年は和紙も金属板の乾燥機を使う例が多いが、洋紙のように高湿乾燥しないので、紙質に影響与えることは少ないと思う。

●紙を加工する技術

・打紙―表面を平滑にする

紙を水や淡いニレ液（トロロアオイの根の絞り汁）で湿らせた後に、表面を打紙することで「熟紙」ができる。この製法は、天皇の命令で国家規模の大量の写経事業が行なわれた奈良時代中期ごろの料紙に多くみられる。大量に書写するには、筆運びが速くなる書写適正が重要となる。打紙は表面の凹凸をなくし、平滑性を向上させるので、大量書写という目的達成に大きな効果があったと思われる。

表面の平滑性を改善して書写適性を向上させる技術は、中国から伝えられたとされる。繊維化処理が容易で、繊維が太く、屈曲が多い苧麻や、円筒形の繊維が多いコウゾなどでつくられる紙は、繊維空間が多く表面には凹凸が生まれやすい。そのため、苧麻やコウゾを原料とする料紙に毛筆で書写すると、筆の走りがよくないものとなる。こうした紙に打紙の処理をすることで、運筆の効果が高まるのである。

・米粉―白色紙にするための工夫

鎌倉時代初めごろの料紙に、生紙色でない白色紙をみることがある。繊維分析して、C染色液で染めると、澱粉反応色である濃い紫色の細かい粒子（5 μm前後）が見られる。これは溶解澱粉と異なり粒状で、白土などの天然鉱物とも違い、澱粉反応を示していることから、米を粉末状に砕いた米粉と判明する。その後、室町時代にも、この種の料紙が多くなり、江戸時代になるとその割合は大幅に増大した。

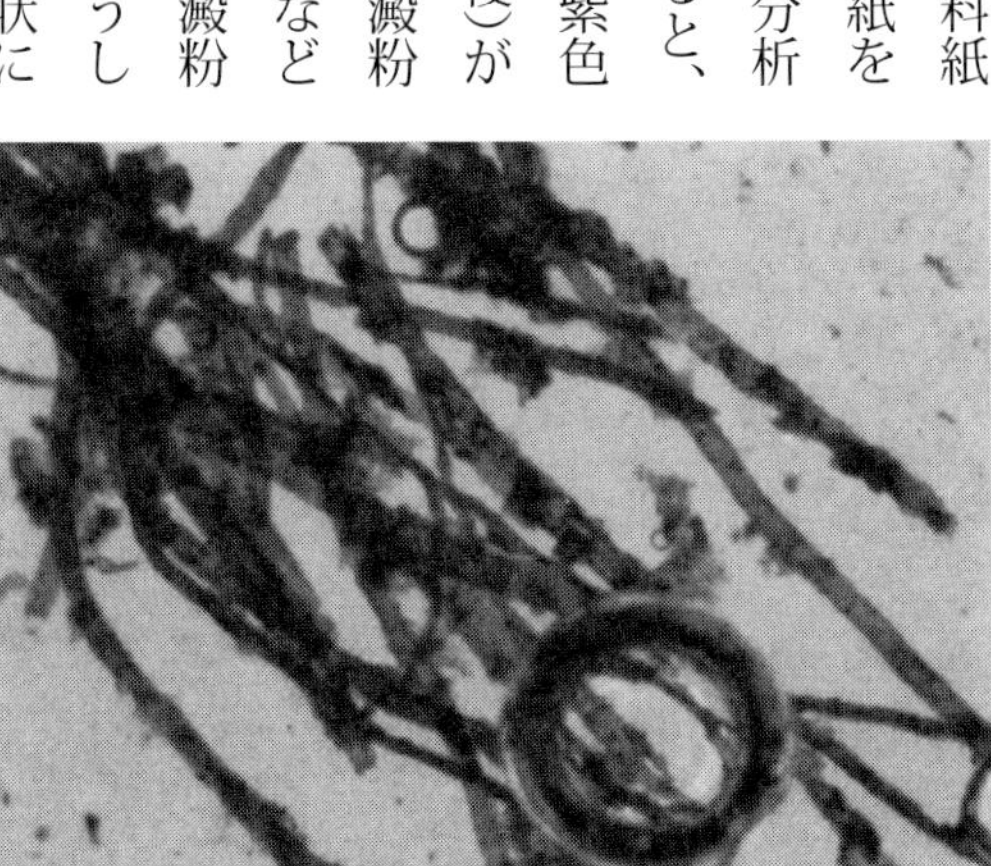
白色紙の繊維。円形のものが米粉

・ドーサ処理―毛羽立ち、墨の「滲み」の防止

ドーサとは、膠の溶液に明礬を混ぜたものである。膠の呼び名は平安時代から使われている。膠には魚類からのと、獣類から得るものがあるが、多くは獣類の皮や腱から得る。

獣類の皮や腱を石灰水に浸け膨潤させ、充分に洗滌した後に銅製鍋に水とともに入れ、60～70℃まで加温して膠溶液をつくる。これに明礬液を添加してドーサ液とする。

乾燥した紙に大きな刷毛で、紙面に均一にドーサ液を塗布し、日光乾燥する。ドーサ液は60～70℃に保持する。

表面にドーサ処理を施した紙は、表面の毛羽立ちを防ぎ、墨の「滲み」を防止して印刷・墨の定着を容易にし、紙の伸縮を抑え、紙の強度も増すなどの効果が期待でき、紙の使用範囲が拡大される。

図4　ドーサ処理

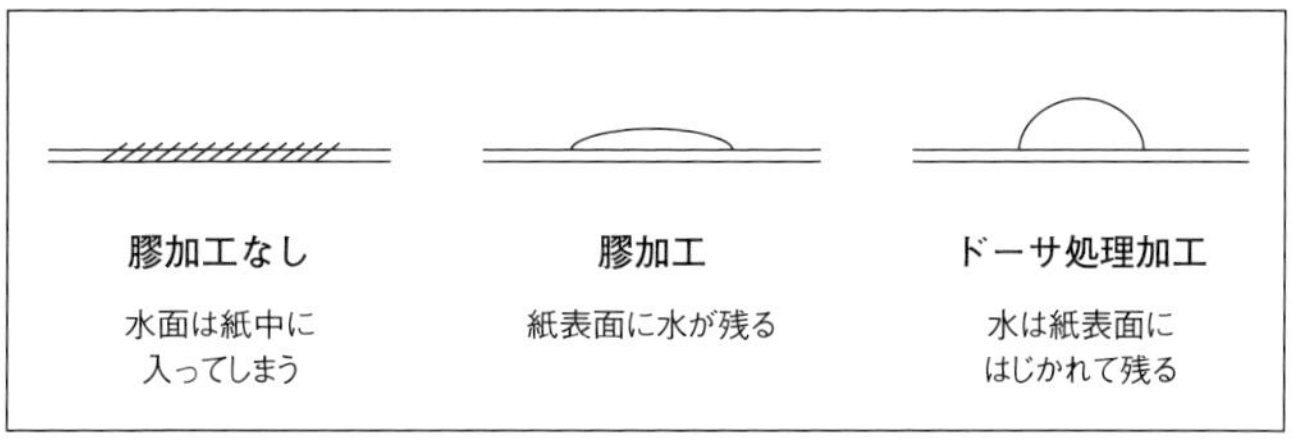

・和紙の染色

和紙の染色法には色々ある。おもには紙料染め（紙に漉く前に染める）・浸し染め・刷毛染め（引染め）だが、原料の種類や処理方法によっても染色法は異なる。

和紙を染色する材料には、染料と顔料がある。染料は、色素が水または油に溶けて、他の物質に何らかの方法で定着して着色する。顔料は、水や油に溶けず、微細な粒子になって定着剤などによって着色する。

染料には天然染料と合成染料があり、天然染料には動物染料と植物染料がある。ただし、和紙にはほとんど植物染料が使われ、その素材は多種多様であるから、染料を選択する際には専門的知識が必要となる。一方、顔料には貝殻や鉱物を細かくした無機顔料と、植物色素や石油から合成した色素から得られる有機顔料がある。

・打紙以外の補強法―澱粉などの添加と紙表面への塗布

紙の補強には打紙などを行なう方法や、澱粉などの物質を紙料液に加える方法（内部添加）、紙表面に塗布したしたりする方法などがある。ここでは内部添加と塗布に関して説明する。

紙の強度には、引張り・破裂・耐折などの結合強度を評価する方式と、引裂きに対する強度を評価する方式などがある。結合強度は細工によって改善できるが、繊維の長さや繊維自身の結合力と関係する引裂き強度を改善できる加工はなく、加工しても多くの場合は低下する。

1　表面強度向上にはドーサ液の塗布や澱粉塗布のほかに、黄檗液を塗る虫喰い防止もある。

2　内部添加法での補強は繊維の結合強度を高めるため、澱粉や米糊を加え、白色度の向上や不透明度の改善、耐火性向上に白土などの填料も使われる。

3　耐水性向上には醗酵柿渋液やコンニャク液を塗布し、布的強度を持たせた。

（宍倉佐敏）

紙漉きの原理と工程

●繊維化＝原木から白皮までの白皮加工（白皮加工工程）

【収穫】

原木の刈り取りは、普通12月から1月に行なう。越前の紙漉き師は「コウゾを切るときは、切り口が南向きになるように切れ、こうすれば雪を被っても、雨に濡れても切り口は早く乾き、来年の芽出しがよくなる」と言っている。越前などの春が遅い地方での、心の入った作業が感じられることばである。

【蒸煮】

皮付きの原木を蒸すことは、楮皮（ちょひ）の剥がれをスムーズにして、剥がれにくい細い先まで原料に使えるようにすること。生剥ぎでは完全には剥げず、しかも蒸さないと原木には楮皮を喰う虫が表面に産卵しているので、これを駆除する必要もある。蒸し上がった結果を知るのは、桶から漏れ出る蒸気の匂いでわかり、サツマ芋が蒸け上がったと同じ甘い香りがする。

【剥皮（はくひ）・黒皮加工】

この作業は後で薄皮を削るときの能率に影響するから、皮の幅は広く平らに剥ぐとよい。皮を広く剥ぐには、コウゾの幹元の皮を一部剥ぎ、左手にその皮を持ち、右手で蒸された原木を掴み、両方へ引くように剥ぐ。剥ぎ方が悪いと「すぼむき」になると説明しているが、これは剥いだ皮の先端が筒型になり、黒皮剥ぎに手間がかかる。

表面の黒皮を包丁で削り取り、白皮とする作業で、現在もほとんど同じように行なわれている。京都の黒谷では、皮を小川の中に置き、足で踏んで黒皮を流している。石州では、緑色の甘皮部を残した「なぜ皮」にして強靭な紙にする一方、黒皮はチリ紙に利用している。

【白皮加工】

コウゾ、ガンピ、ミツマタなどの白皮には、多くの不純物が残留しているので、これらを流水や水槽に浸けて洗い流す工程である。かつては低底部に排水口を付けた桶に、白皮を入れ上部から清水を掛けて洗浄していた。

この工程を美濃では、近くを流れる板取川で行ない、「川晒し」と呼んでいた。川の岸辺に近い、緩やかな流れの上流部には、両手で持てるくらいの石を、石垣の基礎部のように並べ、周りは片手で持てる程度のやや小さめの石で囲む。「上流に置いた石は、囲みの中に水が平均に流れるように置くことが難しい。下流に置く石は流れが淀まないで、コウゾが流れ去らないように置く。周りの石はコウゾが流れと違った方向に行かないように、中央の底面に、拳大の石と子供の頭ほどの石を敷き並べるのは、川底に小さな滝をつくる。この滝でできる泡が重要だ」と美濃紙の漉き師である古田さんは説明してくれた。

【白皮工程での勘どころ】

白皮の余剰成分を洗い流すだけなのに、何故こんなに大掛かりな仕事をするのだろう、他の紙漉き屋のように、庭の大きな盥（たらい）か、コンクリート製の小さなプールを利用して、水道水で洗っては駄目だろうか？　そこで私が聞いたところ、「知らない人は誰もそのようなことをいうが、川晒しはそんなものではない。きれいな川の流れで不純物は洗われ、太陽の光と水の酸素の働きで白皮は晒される。小さな滝で生まれた泡は、コウゾの表面を細かく洗い、泡の持つ酸素で白皮の裏面も晒される。人間も泡の出る風呂に入り筋肉をほぐしてもらう。これと同じように白皮も泡で穏やかにほぐされ、白皮の内部に水が充分に浸漬する。このため煮え斑がなくなり、白皮は均等に煮え、容易に良質の繊維が得られる」と話してくれた。

古くから美濃の紙は、優秀品とされていたと聞いているが、このような細かい心遣いが、伝統的に良質な紙をつくっていることを強く感じた。楮皮の形態は異なるが、川の流れによる「川晒し」が吉野地方でも行なわれていると聞いた。

富山県の平村では「雪晒し」と呼び、積雪の上に楮皮を数日間放置して、太陽の光と雪の融けた冷水で漂白を兼ねた、楮皮の膨潤と洗浄を行なっていた。

●白皮を漉く紙漉き（紙漉き工程）

【煮熟】

白皮には水に溶けないリグニンやペクチンが存在するが、これらはアルカリ液で水溶性の物質に変わり、これに熱が加わると一層促進される。コウゾやガンピのようにリグニン成分の少ない原料は、木灰液や石灰液でマイルドに蒸煮する方法が、繊維を傷めないでよい。

ただ、苛性ソーダ（水酸化ナトリウム）を用いる場合とは違って、虫喰いや生育環境の違いによっても充分に煮えない「片煮え」ができやすく、蒸煮時間が長いなど、煮熟の管理が難しい欠点がある。それは灰になる燃料が自然物で種類が一定せず、燃料の燃焼量によって灰の成分が異なるので、木灰汁のアルカリ度が不安定になり、蒸煮を均一にすることが難しいことが要因である。現在は炭酸ソーダ（炭酸ナトリウム）がおもに使われ、場合によって苛性ソーダも使用される。

【晒し】

煮た原料を竹製の笊（ざる）に入れ、流水で不純物を洗い流す。多くの地方で、この作業を「灰汁だし」と呼んでいる。ここで手抜きをした紙は、残留アルカリの影響で、短期間で変色する。コウゾの場合は充分な洗滌で紙は白さを増し、純粋度の高い繊維となり、紙の耐久性が向上する。

ちり取り（協力：鹿敷製紙、写真：小倉隆人）

【ちり取り】

紙の中のちりは人の目で判断でき、ちりの混入した紙はほとんどの人が歓ばない。洋紙の場合は通常書写材として使われることが多く、ちりの混入はときに文字や数字の意味を変えてしまうことがあるので、最大の欠点とされる。

美濃地方の多くは、小屋の中に幅50～60㎝のゆっくりした流れがある溝をつくり、溝に沿って数人が並んで、原料を竹笊（たけざる）に入れて、流水に浸けてちりを取っていた。

越前の岩野市兵衛さんの漉場にも、美濃と同様のちり取り場があり、最初がおばあちゃん、次は奥さん、最後はお嫁さんの順で、眼の良い人が最後に細かいちりを取るという合理的な方法で行なっていた。他の多くは桶に水を張り、竹笊に入れ原料のちりを取っていた。寒い冬には水を湯に換えていた所、「おかより」と称して、水分を90％ほどに搾った原料を、炬燵の上でちり取りをしている所もあった。

流れがある小川風の溝で行なうちり取りは、大変な作業であるが、冷たい清流に浸かることによって蒸煮薬品の洗滌もでき、繊維の膨潤効果もあるので、良質な和紙をつくる大事な条件の一つだと思う。

【叩解】

ちり取りを終わった原料は、まだ単繊維化されていないので、叩いて分散する。この作業は生産地ごとさまざまな方法で行なわれており、最適な方法はどれか判断できないが、洋紙製造のスタンピング・ミルやホランダー・ビーターのように繊維を切断する必要はないので、叩き棒などの材質は木製がよいと思う。

紙の原料となる植物は、生育している間に膠着材として存在していたリグニンやペクチンも、アルカリ液で蒸煮されて水溶性になるが、水で洗滌されただけでは完全に除去できず、繊維同士はまだ接着している状態にある。表面の均一な紙をつくるには、繊維を完全に単繊維化することが大事であるから、原料を叩いて単繊維化している。

【紙漉き】

竹の棒で混ぜるのは、ネリ剤が繊維に馴染み、水にも均一に分散すると良質な紙ができるからだ。ネリはトロとも呼び、これの量が多いと辛トロといい、締まった密度の高い強い紙になるが、脱水が遅く厚紙はできず、漉く枚数も少ない。トロが少ない場合は甘トロといい、柔らかくて、嵩高で弱い紙であるが、漉く枚数が多くなり、乾燥も速くなる。この製法は生産枚数が

多いが、地合が悪く低級紙になりやすい。

紙漉きは、紙をつくる工程の中で、最も注目される工程である。この段階で手漉き職人は、つくられる紙の構想はできている。あとは紙の大きさと厚さであるが、大きさは枠で決まっているので、厚さを一定に揃えることと、異物を紙中に残さないことに集中する。

流し漉きには大別して、3つの工程がある。「初水」または「化粧水」と呼ぶ表面をつくる工程、「調子」と呼ぶ紙の厚みを調整する工程、「捨て水」と呼ぶ異物や繊維結束物を流して捨てる工程であり、漉く紙、用途、漉き手の技術によって異なる。

【脱水】

重石やジャッキーなどを使って湿紙の水分を減少させる工程で、繊維の接着力を増加して、強度の高い紙をつくるためには有効であり、乾燥も速くなるので生産効率は高くなる。簀桁を使って湿紙の水切りを充分行なっている場合、圧縮脱水は石を載せる程度かもしれない。柔軟性が高くてソフトな厚紙で知られる高野紙は、13枚の萱簀を使って萱簀ごと立て掛けて水切りして、14枚目を漉くときに最初の湿紙を紙床に移しているが、ここでも圧縮脱水は見られない。

【乾燥】

湿紙を板に貼り付けて天日乾燥するが、天日による乾燥は、高温にならないので、繊維間にある自由水は蒸発するが、繊維の内部にある保持水は残るため、和紙はしなやかで、柔らかい。洋紙のように、高温乾燥すると繊維の熱劣化にもつながり、静電気が発生して成紙同士が付着しやすい。近年は和紙も金属板の乾燥機を使用した紙が多く見られるが、洋紙のように高温乾燥しないので、紙質に影響を与えることは少ないと思う。

【裁断】

乾燥された紙を一枚一枚手に取って、熟練した工人が入念に選別をする。色相、汚れ、ちりなどの不純物の有無、紙全体の厚薄(地合)、破損や傷痕などを調べ、細かいちりなどは取り除く。選別を終えた良紙を積み重ね、枚数を整えて、切り板盤に置いて、板製の定規を当て、包丁か紙切り鎌で、各紙の寸法に応じて切断する。

【染色】

和紙の染色には紙料染め、浸し染め、刷毛染めの三方法があり、浸し染めと刷毛染めは成紙を染色する方法で、紙料染はあらかじめ原料を染色しておいて、これを漉く方法である。特別な場合を除き、紙料染めを行なうのが多く、有利である。浸し染めは漉いた紙を乾燥後、各種の染料液に浸し、染紙を手で絞って、干し板に貼り付け乾燥する染色法で、刷毛染は、刷毛染めの染料液(多くは顔料液)を、刷毛などで成紙の表面に塗りつける方法で、誰でも簡単に染色できる長所がある。

(宍倉佐敏)

手で紙を漉いてみる

コウゾの靭皮繊維を手で漉いて紙にするまでの、基本的な作業の流れを写真で紹介します。

（構成・解説：冨樫朗／写真・小倉隆人）

●皮を剥いでから晒しまで

① 川晒し。原料の黒皮を水に１日晒し、水を吸わせる

② 黒皮取り。黒皮と甘皮の一部をこそげ取り、白皮にする

③ 煮熟。鍋に水とソーダ灰を入れて白皮を３時間煮る

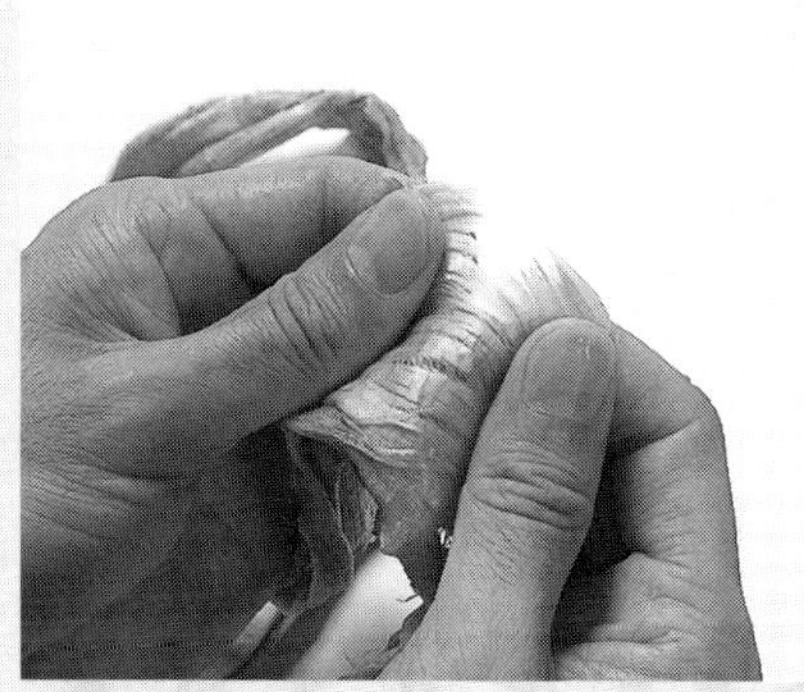

④ 手でちぎれるようになったら火を止め、そのまま冷ます

⑤ 水晒し。一晩水に晒してソーダ灰を洗い流す

●ちり取り・叩解

⑦ 叩解。繊維を1cmほどにちぎってから叩きほぐす

⑥ ちり取り。節や汚れなどを丁寧に取り除く

⑧ サッと水に散るくらいになれば完成

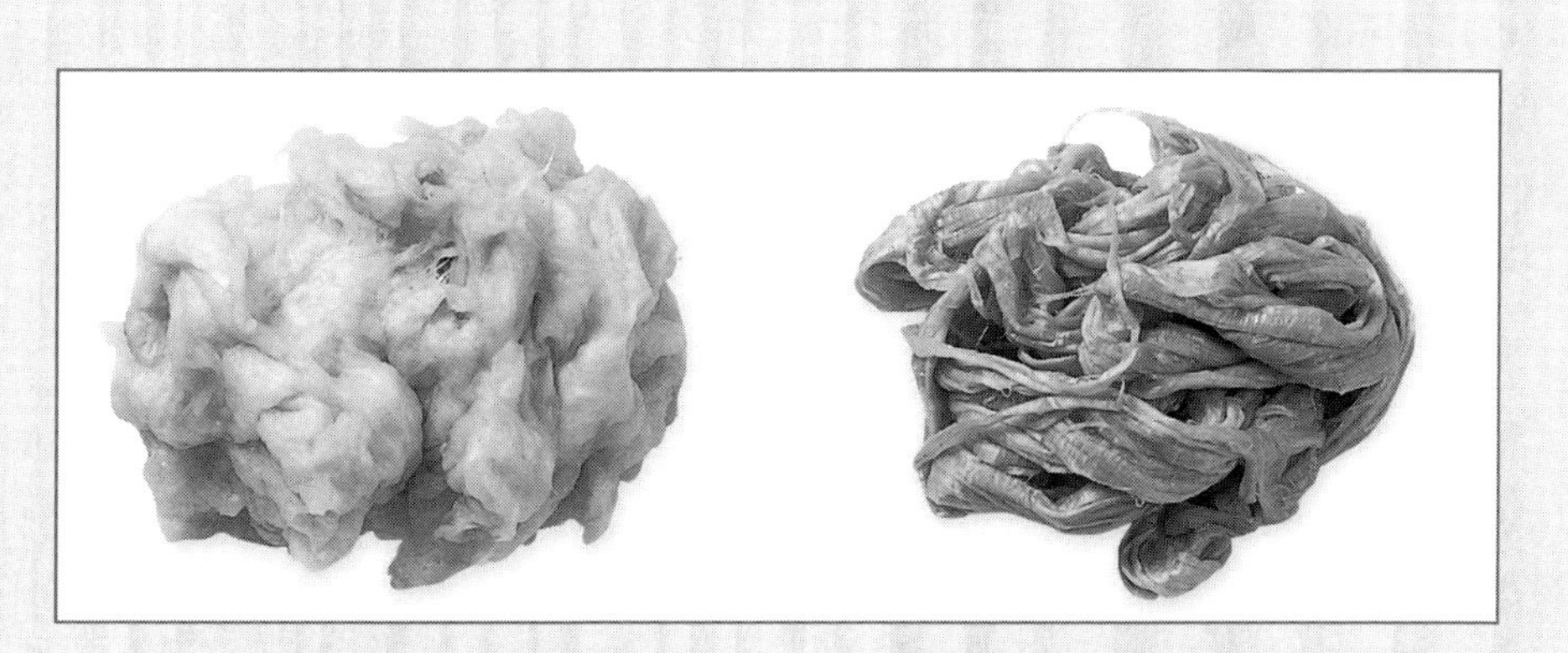

⑨左は叩解前のコウゾ繊維。右は叩解後のもの

●トロロアオイからネリを採る

⑩ 水に漬けておいたトロロアオイの根を木槌で叩きつぶす

⑪ 布袋に入れ、バケツなどの上で冷たい水をかける

⑫ 布袋を絞ると、粘り気のあるネリが採れる

●紙漉き工程——初水まで

⑬ コウゾ繊維を水に入れて撹拌し、ネリを加えて舟水をつくる

⑭ 舟水を入れた容器に漉き枠を斜めに入れて舟水を汲む

⑮ 舟水が全体に行き渡るように、漉き枠を前後左右に動かす

●紙漉き工程――乾燥まで

⑯ ちりや繊維の塊はピンセットで揺らしながら取り除く

⑰ 手前と奥に勢いよく舟水を行き渡らせることで繊維がからまる

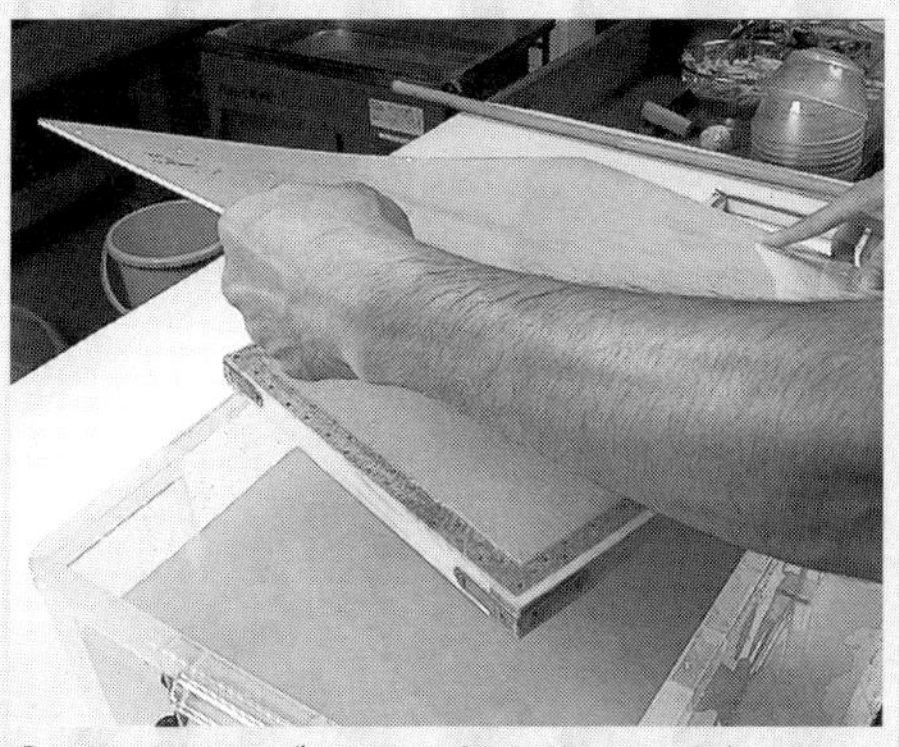

⑱ 上の枠をはずし、干し板を載せる。空気が入らないように注意する

⑲ 天地をひっくり返し、ネット側から乾いた布で水気を取る

⑳ そっと漉き枠をはずし、干し板をななめに立てかけて天日乾燥させる

㉑ 乾燥したらピンセットで端をめくり、丁寧に手ではがす

和紙製造の先駆けとしての「太布(たふ)織り」

わが国の衣料原料には、木綿・大麻・生糸の3種が早くから使われた。いずれも伝来植物だが、伝来前はコウゾ類を使ったようである。それを示すのが太布織りである。文献記録は非常に少ないが、朝廷で祭祀を司った部族である忌部(いんべ)氏に関係する文献に「木綿(ゆう)」の記述があり、本居宣長は、「木綿(ゆう)」は穀(かじ)(コウゾ類)の木の皮とし、これを織った布が阿波の太布であるとしている。

木頭村での衣料利用

国内で唯一太布を織る地域が、徳島県木頭(きとう)村(現・那賀(なか)町)である。地勢急峻な那賀(なか)川の水源地にあり、村では、昭和初期まで太布の単(ひと)衣物(えもの)をつくり、働き着を自給していた。

太布は洗濯するほどに繊維が柔らかくなり、織り目が詰まってくる。新しい太布は風通しがよいので夏用にし、着古して目が詰まれば冬用に着た。衣服以外には、穀物の保存や運搬に欠かせないモジ袋(穀物袋)、豆腐や醤油の絞り袋(ふちぬの)、畳の縁布に使用された。

秋の終わりにコウゾを刈り取って小束をつくり、平釜に入れるため大束にする。蒸し始めて芳香が漂い始めれば、蒸し上がりとし、釜から出して、皮を剥ぐ。灰汁で煮るときは、灰汁の濃度が高かったり、煮沸時間が長すぎたり、火力が強すぎると繊維が分散して糸にならない。時間は長年の経験による判断だ。煮え終わった表皮に籾殻(もみがら)をまぶし、手で揉み、足で踏み、鬼皮を剥離し内皮のみにする。その後流水に浸し放置する。

内皮を水から出し、日陰に広げ、三昼夜寒天のもとで晒して凍らせる。よく凍らせると繊維は柔らかくなる。内皮を乾燥して木槌で叩いたり、足で踏んだりして柔らかくする。

こうして内皮から取り出した繊維を2～3㎜に細く裂き、細くなった内皮繊維の梢端部と下端部を、撚りつないで、1本の長い糸にする。

糸を水に浸し軽く絞ってから撚りをかけ、この糸から織物をつくる。この工程中で糸にできないものも、よく叩いて柔らかくし布団や座布団の中に入れた。

麻類からコウゾ類へ─紙の原料繊維の転換

この太布織りの工程のなかに、日本の紙の代表的な楮紙の製法の秘密が考えられる。

紙の製法が伝来した頃は、麻類を切断して原料繊維にしたと思われるが、その後すぐにコウゾ繊維に原料を変えて良質の紙をつくり出せた。その転換には、古くから行われていた太布づくりの技術の影響が大きいと思う。

太布をつくる女性の話がある。「カジ皮を灰汁で煮ます。煮る時間が足りないと、固くて後の仕事ができませんし、かといって長い時間煮ると、柔らかくなり過ぎて、和紙を漉くのによいような、どろどろした状態になってしまいます。このようなことは何度かありました」。縄文時代の人々にもこのような経験はあったと思うし、こうした経験がコウゾを原料にする紙づくりの技術を高めたと想像する。コウゾは広い範囲に生育しており、手近な織物用繊維植物として各所で使われていたと思われる。

(宍倉佐敏)

3章

使われた原料からみた和紙の歴史

植物繊維の利用と紙の発明

●衣料から紙へ

紙とは、一般に植物の繊維を何らかの方法でばらばらに解いて、水に分散させた懸濁液を簀または網状物で漉し、脱水後乾燥したシート状の物といえる。中国では紙の字が糸偏に平らという意味の氏が使われていることから、紙とは糸が平らになったものと簡潔に表現している。

中国で発見された絹は、人類が求めていた理想の繊維で、その出現は人々の驚異であった。絹の生産技術は極秘とされ、製品の織物だけを輸出し、これを求めて交易が行なわれ、後に絹の道(シルクロード)と呼ばれた。絹織物はきめが細かく、書画に適したが、よほど大切なことでなければこの貴重品を帛書(絹織に書いた書)にはしなかった。

繭から絹糸を取るとき、技術が未熟な場合、繊維屑が多く出る。これを捨てずに集めて水の中で叩きほぐして、もつれたままの絮(真綿)として防寒具などに利用した。この作業を「漂絮」といい、多くは女性の仕事であり、網や竹篭を水中に置き、この中に繊維屑を入れ竹竿などで叩きながら洗った。当時の一般の衣料は麻を精選して織ったもので、これらの衣料も同様に漂絮という作業が行なわれたと思われる。

この作業の終了した後の網や竹篭の底面には、細かな繊維が薄い層となって残る(洗濯機で洗濯をした後に糸屑フィルターに集まった繊維シートに似ている)。これを乾燥すると繊維の膜が得られた。これが「紙」と呼ばれる最初のものであった。得られた膜は組織が弱く、表面は凹凸が多く使用価値は乏しいものの、この膜から得る知識が重要なヒントとなり、繊維を短小化して水中に分散して網ですくい上げると、平らなシートができることを知った。これは、織物以外でも簡単に平面状のものをつくることができるという事実の発見であった。

麻は繭より安価で入手しやすく、水に馴染みやすい特性があるので接着性があり、シートも丈夫になるので物を包む材料として使われた。これを紙と呼ぶか絮とするかは「紙」の定義によるが、植物繊維からつくられたシート状物は紙とされる文献が近年は多くなっている。

中国最古の辞書「説文解字」(許慎著、100年刊)に見る「紙」の解説

中国の史書『後漢書』の蔡倫(さいりん)伝にある記事で、蔡倫が105(元興元)年に紙を発明したという話は、日本の多くの人が教科書などで教わり、その業績を世界中に広めようと、ユネスコの創立時に「世界文化に貢献した偉人」として表彰されたことを知る人も多いと思う。しかし近年、考古学が発展するにつれ、蔡倫以前である前漢時代の遺跡から紙状物が順次発見され、今日では蔡倫が紙を発見して後漢の和帝に献上した頃より240年から280年も前に紙がつくられ、使われていたことが証明されている。

製紙術を発明したとされる漢時代の蔡倫(中国切手、1962年)

●古典籍・古文書の「料紙調査」とは何か

【料紙調査】

ものを書くために、さまざまな条件に応じて加工・装飾された紙をとくに料紙と呼ぶ。料紙には、半紙・半懐紙・全懐紙・古筆臨書用紙などがある。これまでの歴史のなかで製造されてきた料紙を、その製造技術、視覚、聴覚、触覚による観察や損傷・劣化の具合を調べ、原料とされた植物繊維の分析を行なって、料紙としての和紙の紙質を評価する作業が料紙調査である。

【料紙調査の対象】

ここでは、日本の歴史のなかで、料紙調査の対象として代表的なものにふれて和紙の歴史の一端をみてみたい。

中国で発明された製紙技術は、朝鮮半島を経て、日本へ伝えられたといわれている。紙が歩んできた道は、仏教の伝来と深いかかわりがある。遺品はないが、672(天武天皇2)年の飛鳥・川原寺における一切経(いっさいきょう)の書写が事実なら、膨大な量の紙が使われたことになる。しかも書写に耐えうる紙の生産は、生産技術に加えて高度な加工技術が必要である。高い技術は一朝一夕に身につくものではない。610(推古天皇18)年、高句麗(こうくり)から渡来した僧曇徴(どんちょう)が紙の製法に通じていたとも理解できる説が『日本書紀』に掲載されているが、これより以前から、日本では紙が生産されていたと考えるべきであろう。

紙は人類が文化活動を営むためには重要なものである。とくに仏教文化の興隆は、日本における紙文化の発展に大きな影響を与えた。

例えば、光明(こうみょう)皇后発願の『五月一日経』や、聖武天皇勅願の『金光明最勝王経』や『紺紙銀字華厳経』(二月堂焼経(やけぎょう))が書写されている。また770(宝亀元)年には、称徳(しょうとく)天皇の勅願で世界最古の印刷物といわれる『百万塔陀羅尼(ひゃくまんとうだらに)』が制作され、法隆寺など十大寺に納められている。このほか、『賢愚経』は、大聖武や荼毘紙とも呼ばれる厚手の白色紙で、近年まではコウゾにある種の香抹を漉き込んだ紙ともいわれていた。

平安時代になると、紺紙に金銀字で書いた装飾経の『中尊寺経』をはじめ、素紙（糊など加えずに純粋な材料だけで漉いた紙）に黄檗を塗布した『大般若経』や、漉き返した薄墨色の楮紙に経文が書写された『法華経』など、膨大な量の写経料紙が見られる。

鎌倉時代に入ると、武士が政治の中心に位置するようになったが、写経には平安時代の影響が残り、装飾された『法華経』『阿弥陀経』『般若心経』などの一切経のほか、宗教活動の基本となる各種の経典が版行され、和紙の印刷物が出現した。春日版・高野版・五山版などとして知られるもので、これらの料紙も多数残されている。

一方、中世以降、武士や庶民階級も文字の読み書きをするようになると、紙の需要は増大し、手紙・公文書・詠草料紙（和歌や俳句を紙にしたためて提出する際の書式の一つ。紙の種類や書き方が決められている）など、料紙の実物も多量に残されるようになる。

これらの料紙はほとんどが典籍、つまり漢籍・仏典・和書・写経・古記録の写本あるいは印刷本の料紙として、また古文書などの料紙として伝わっている。ただ、古典籍・古文書などとして調査・分類・整理されてはいるが、和紙の資料としての料紙調査や研究は非常に少ない。

●料紙調査の例――紀元前100年頃の中国でつくられた紙の分析

私は紀元前100年頃の遺跡から発掘された、中国古代紙の繊維分析を依頼されたことがあり、その際の様子と結果は次の通りである。

1990年から91年にかけて甘粛省の文物研究所が、敦煌に近い漢時代の遺跡を全面発掘調査した際、文物を主とした布帛の文書断簡があり、木簡・紙の文書・壁文などのほか、家畜の骨・麻織物・紙・文房用品などの文化財があった。この中から紙状物6点を中国の文化財研究者が繊維分析用として、日本の書道研究家に託したが、これらは貴重な文化財を保護するため高名な修復家によって裏打ちがされており、裏を透かし見ることはできなかった。

この紙の大きさは5×8cm前後で多少の墨跡が見られ、ほとんど無地であった。今日の紙より厚く、表面には縦横に織ったままの細片や、撚られた糸状物が分散しないままの繊維束があり、紙でなく薄いフェルトのような感じで、書写材としての評価はできなかった。ルーペで表面観察した結果、織物や撚れがある糸を短く切断して、水中分散後に何かで漉き取ったと思われた。

繊維はすべて1㎜から20㎜に切断され、叩打処理がされ外部フィブリル化（小繊維が摩擦などにより毛羽立ちささくれる状態）が見られるが、フィブリル化の状態はさまざまである。6点のうち大麻の繊維が主体の紙が5点で、そのうち2点には樹皮繊維が混入している、残りの1点はカジノキが主体で僅かに大麻が混入していた。粒子の大きい土粉や熱に溶解する物質（試料不足で判定は不可能）が混入した紙が4点あり、他に苧麻や黄麻が微量に混合していることから、この紙は沈殿物がある沼や池などで、麻類の織物を漂絮したときの残留物と想像した。

これらの紙は現代の感覚では書写材としての評価はできなかったものの、僅かな墨跡が認められたので紙とされたが、おもな用途は包装用と思われる。

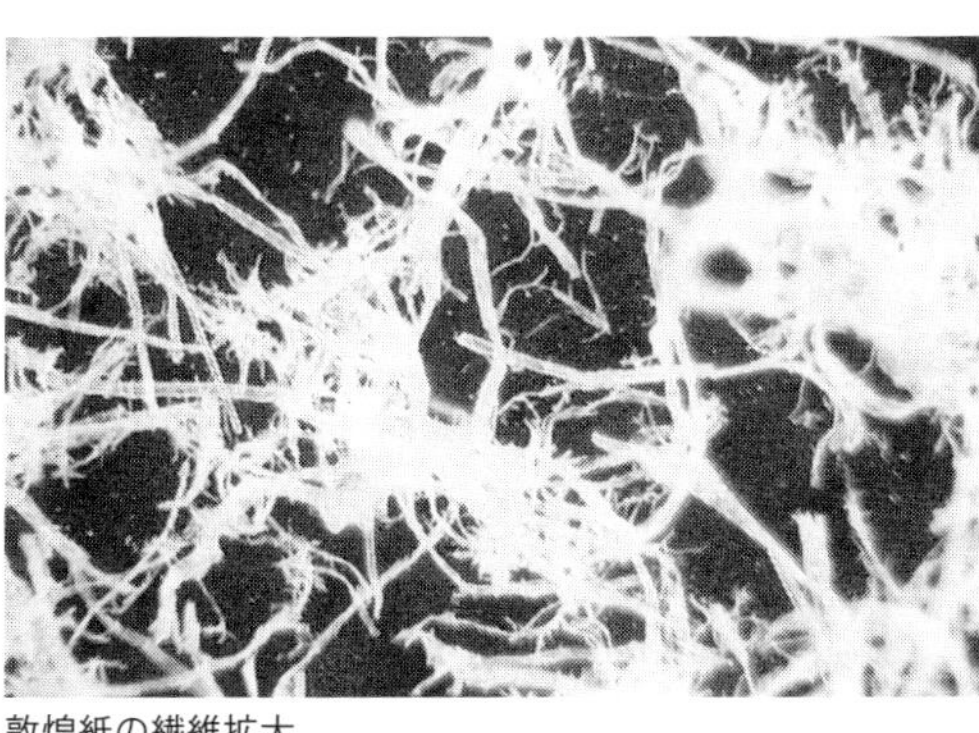

敦煌紙の繊維拡大

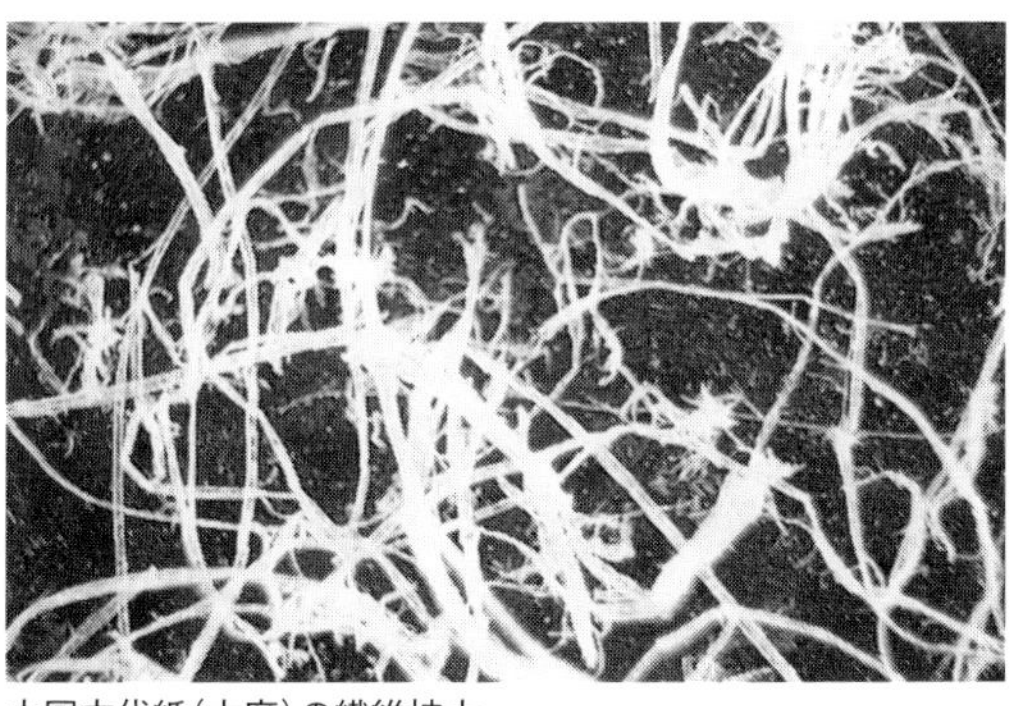

中国古代紙（大麻）の繊維拡大

●蔡倫と紙漉き法・蔡侯紙・蔡倫が原料とした植物

今日では、蔡倫が紙の発明者でないことは多くの人々の認めることであるが、蔡倫の残した功績は非常に大きく、『後漢書』にある通り「蔡倫は①樹膚、②麻頭、③敝布、④魚網を用いて紙をつくり、元興元年、時の和帝に紙を奏上しお褒めにあずかり、この後は木簡・竹簡や絹布に変わり専ら紙が用いられたので、人々は蔡倫の発明した紙を蔡侯紙として褒め称えた」とある。蔡倫は紙の正式な発明者ではないが、書写材として優れた紙の製法を創意工夫し、基本的には今日の製紙法とほとんど変わらない製法を完成させた紙の改良者であり、紙を記録文化の基本材料として位置づけた偉大な功労者といえる。

蔡倫が紙にした原料を考察すると次のようになる。

①樹膚　コウゾなどの樹皮であるが、これから繊維を得るにはアルカリ液で蒸煮して分散することが

體田野後加位尚方今永元九年監作祕
劍及諸器械莫不精工堅密爲後世法自
古書契多編以竹簡其用縑帛者謂之爲
紙縑貴而簡重並不便於人倫乃造意用
樹膚麻頭及敝布魚網以爲紙元興元年
奏上之帝善其能自是莫不從用焉故天
下咸稱蔡侯紙湘州記曰耒陽縣北有漢黄門蔡倫宅宅西有一石臼云是倫舂紙臼
元初元年鄧太后以倫久宿衞封爲龍

范曄（398-445）著「後漢書」第78巻「宦者列伝」中にある蔡侯紙の由緒

1962年発行の中国切手「造紙」

大事であるから、多くは若木を利用した。

②麻頭　麻織物に使う麻と同じ物で、織物には中心部のみ使い、先端の細い部分と根元の廃棄部を紙に利用した。

③敝布　中国では衣服だけでなく、帽子や靴まで麻布でつくられていたので、これら麻類のボロが使われた。

④魚網　使い古した麻糸の魚網。

●紙の日本への伝来

朝鮮半島の造紙の始まりは仏教が伝来した4世紀後半とされ、これに伴って紙づくりが始まり、朝鮮半島で展開した造紙技術が日本に伝わったといわれている。

前述した『日本書紀』の610年の記事に「この春の三月、高麗の王が、曇徴と法定の二僧を寄こした。曇徴は儒教や仏教に通じ、絵の具、紙、墨などの製法を心得ており、碾磑（てんがい）(水力で動かす石臼、碾も磑もともに物を「摺り合せる」の意味を持つ)も造った。碾磑が造られたのはこのときに始まるか」とある。

この文章をもって曇徴が日本で初めて紙をつくったとされ、今日はこれが定説のようになっている。しかし、ここにある碾磑についてだけ最初とあるのに注目すれば、その他のものはすでに製造が行なわれていたことを示すが、日本で最初に製紙が行なわれた時代や場所などの確かな文献は見つかっていない。

和紙の研究家として有名な寿岳文章は『日本の紙』の中で、曇徴以前に日本人が紙を知り、紙を用いていたであろうと多くの文献を挙げ説明している。私は文学者でも歴史学者でもないが、現存する和紙生産地を訪問して、関係者などとの会話やその土地特有の言い伝え、研究書などから、日本への紙の伝来は曇徴以前にあり、そのルートは2つと考える。

一つは機織・製陶・農耕・土木などの優れた技術集団の秦氏と関係があり、彼らは文字のない日本に、漢字をもたらした人たちであり、京都を中心に越前地方など広く分散して、先住民と融合し子孫には有力者も多く出ている。秦氏系の繊維関係技術者の中に麻やコウゾの靭皮（じんぴ）から、文字を書く紙を製造できる者がいて彼らから技術を得たとする渡来人説と、もう一つは、越前の五箇村地方に伝わる昔話にあるような帰化人説である。実在しない人物に紙漉き技術を指導され、この技術が周辺地方に広まった。これは朝鮮半島から日本海沿岸に流れ着いた人々の中に紙漉き技術を持つ人がいて、この人たちに教わったとするのが帰化人説である。

古代の古典籍・古文書の紙

日本で最初に紙漉きが行なわれた場所も時代も明らかでなく、現物資料も存在しない。年代が正確なわが国最古の紙は、609（推古天皇17）年以降の7年間に完成したといわれる聖徳太子著作の『法華経義疏（ほっけきょうぎそ）』であるが、この紙が朝鮮または中国製か、日本製かはいまだ調査が行なわれていない。

上廣八分摚界五百八十八張裝書四百廿張
[illegible]中功黏紙六百張擣紙二人日一
百張鹿閭界三百八十四張注閭界四百張摚
界四百九十張裝書三百六十張短功黏紙五
百張擣紙二人日八十張鹿閭界三百廿張注
閭界三百卌五張摚界三百九十二張裝書三
百張
凡造紙長功日截布一斤三両舂二両成紙一
百九十張中功日截一斤舂二両成紙一百七
十張短功日截十三両舂一両成紙一百五十
張長功日煮穀皮三斤五両択一斤十両截三
斤五両舂十三両成紙一百九十六張中功日
煮三斤四両択一斤九両截三斤四両舂十二
両成紙一百六十八張短功日煮三斤二両択
一斤七両截三斤二両舂十両成紙一百卌張
長功日択麻一斤三両截一斤七両舂二両成

「延喜式」の中の図書寮式。紙漉きの季節ごと、工程ごとの生産量が記述されている

日本製で最も古い紙は正倉院にある702（大宝2）年の戸籍断簡3点の用紙で、いずれもコウゾを原材料とする「溜め漉き」でつくられていることが、1960年から3年間正倉院宝物の紙の調査を行なった調査結果（『正倉院の紙』日本経済新聞社発行）に記されている。この調査結果は紙に関係する著名な先生方5人の判断をまとめたもので、現実に紙の資料を観察した貴重な記録である。

この調査結果を基に、927（延長5）年に制定された法律の施行規則である『延喜式』の図書寮式（ふみのつかさ）にある、紙屋院（かんやいん）の製紙工程の記述を参考にして「溜め漉き」法を説明している。

◇延喜式（三条西家旧蔵、967年施行、中世前期以前書写、重要文化財）

【史料の性格】

『延喜式（えんぎしき）』は、官司ごとにまとめられた49巻と、その他1巻の計50巻からなる古代の法典である。905（延喜5）年に編纂を開始し、927（延長5）年に完成、967（康保4）年に施行された。

本写本は、そのうちの巻五〇を写したもので、他本にない条文や分注を含んでいる点などからも、貴重な古写本と位置づけられる。奥書などがなく、正確な成立年代・過程など不明だが、形状・書風などを念頭に置けば、おおよそ中世前期以前の写本と判断していいだろう。

冒頭に「三条西」（卵形印）が捺されており、中世には古典研究で著名な三条西家（さんじょうにしけ）（正親町（おおぎまち）三条家の分家）に所蔵されていたことが判明する。戦後に同家から流出し、柏林社（はくりんしゃ）（古屋幸太郎）・

弘文荘(反町茂雄)・反町十郎氏などの手を経て、現在では国立歴史民俗博物館(以下、歴博)の所蔵となっている。

巻子装(絵画、書跡の一般的な装丁法の一つ。いわゆる巻物)で、寸法は縦29・3×横7・9m(原表紙＋墨付16紙)である。全面に界線が引かれている。

【所見】

コウゾの繊維を流し漉き技法で漉いた紙である。色調は穏やかなクリーム色。全面に厚めの裏打がなされており、透過光をあてても漉き目などは明確に観察できない。紙厚は、裏打の剥がれた部分で計測すると、おおよそ0・09㎜程度である(つまり、漉いたばかりの打紙以前の段階では、0・15㎜前後の厚紙だったと推定される)。

表面には、丁寧な打紙加工が施され、繊維間が詰まっている。墨のかすれる部分もほとんどなく、大変によくのっているのは、その効果だろう。このほか、例えば各種のちりは目立たない程度しか存在しないし、どの紙も地合が大変よい。つまり紙漉きの全工程で、高度な技術を持つ職人が、丁寧に作業を進めたものと評価される。すべての面から、高級紙と評価できる。

冒頭の第一紙(おそらく原表紙を転用して、表裏逆に貼り付けた部分だろう)は汚れが目立ち、それに続く数紙も染みなどが少なからず視認できる。しかし巻子全体を通してみれば、欠損はほとんどなく、いずれの虫損も小規模に止まっている。環境の良好な状態で長期間、保存されたことを裏付ける。

◇正倉院流出文書(「天平宝字2〈758〉年3月15日 新羅飯万呂請暇解」、奈良時代成立)

【史料の性格】

「新羅飯万呂請暇解」は、彼が造東大寺司に勤務していた際、上司に対して提出した休暇願である。伯父の看病のために4日間の休暇を願い出ている。

合肆箇日
右、為飯万呂私伯父、得重病不便立居。依飯万呂正身退見治、
件請暇如件。仍状具注、以解。
天平宝字二年三月十五日

正倉院から明治期に流出し、小杉榲邨から蜂須賀侯爵家に譲られ、現在は歴博の所蔵に帰している。

寸法は縦28・0×横17・8㎝。字配りは、各行の中軸線がほぼ3㎝間隔と正確である。この種の文書作成に手慣れているというだけでなく、糸罫のような行取り用具を用いた可能性も想定すべきだろう(ただし、文字の配置は厳密に揃ってはいない)。

【所見】

紙表面の繊維には、方向性が確認できない。そのため、コウゾを溜め漉き技法で漉いた紙と推定される。ちり取りなどの前処理はある程度きちんとなされているので、粗紙(ちりや繊維の分布にムラのある質の悪い紙)ではなく、それなりに丁寧に作成された紙と評価できる。

ただし打紙加工はなされておらず、繊維空間は大きい。紙の表面に膠を塗布しているだけである。そのため表面の毛羽立ちが目立ち、墨ののりはよくない。粘度が高く水分の少ない墨を用いていることが裏目に出ているようで、文字はかすれ気味である。一部の字などはかすれが激しいため、いったん墨継ぎしたうえで再度、上からなぞり書きされている。

一次利用面の文書(請暇解)が不要になった後、二次利用の段階で文書の中心に丹(辰砂などを用いた赤色顔料)を置き、四隅を捻って茶巾包みのように包装していた(いわゆる「丹裹文書」)。そのため、両紙の四隅は千切れたような形状を呈し、中心から放射状に皺が伸びている。またこの段階で、繊維に丹が付着し繊維の凹凸に入り込んだ結果、漉き目を視覚的に浮き上がらせている。それによれば簀目18本／3㎝、糸目2㎝と判明するので、竹簀で漉いた紙と推定される。

◇茶毘紙

【茶毘紙のこと】

東大寺に伝えられ聖武天皇の宸筆といわれる『賢愚経』は、その断簡を大聖武切・中聖武切・小聖武切などといい、その料紙に使われている茶毘紙について、古くは尊者の遺骨灰を漉き入れた紙とか、香木を細かく砕いた粉を漉き込んだ紙、マユミ原料のちり入り紙で、ちりはマユミの靭皮のちりなどと文献で解説されている。

大聖武と称される茶毘紙を用いて賢愚経を写経したもの(「日本の美術」179号〈ぎょうせい〉より転載)

私の繊維観察結果では、この紙の異物は繊維に粘り付いて粘着性があるので、単なるちりでなく何らかの樹脂成分であろうと推察した。

【所見】

初夏、近くの山に行ってマユミの枝を伐り、適当な長さに切断して、樹皮を剥がして水に浸けておいた。3週間後に丁寧に最外部の黒皮を削除して、鉄釜に入れソーダ灰液で長時間蒸煮し、一昼夜放置した後、家庭用ミキサーで分散して充分洗滌すると淡い茶色の原料ができ、その中に黄茶色の異物が見えた。これには粘性があり、紙に漉いて顕微鏡で観察すると「茶毘紙」の異物と同状態であった。この異物はマユミの樹皮に含まれている樹脂分が、アルカリ液で抽出され、冷水で凝集した物と判断した。その後何回かマユミの樹皮で紙をつくった結果、樹脂成分とした異物はマユミの二、三年生の樹皮部分が樹脂化したものとわかった。

表1　茶毘紙の比較

項目	大聖武	中聖武(小聖武も同じ繊維)
外観	表面白色	表面淡い褐色
繊維原料	マユミ(檀)100%	マユミにコウゾ10〜20%混入
黄茶色の異物	あり	あり
打紙加工	あり	あり
表面・キハダ	なし	あり
表面・ニカワ(膠)	少量あり	あり
表面・胡粉	あり	なし

茶毘紙は大聖武切がよく知られ、何回か繊維分析を依頼され、展覧会などでも観る機会が多いので、大聖武切が茶毘紙と思い込んでいる人が多く、私も同様であった。近年中聖武切と小聖武切の断簡の調査依頼があり、これを見たときに文字は大聖武切に似ているが、料紙は明らかに違う。この料紙を繊維分析した結果、大聖武と中聖武(小聖武も同じ繊維)には表1のような違いが認められた。

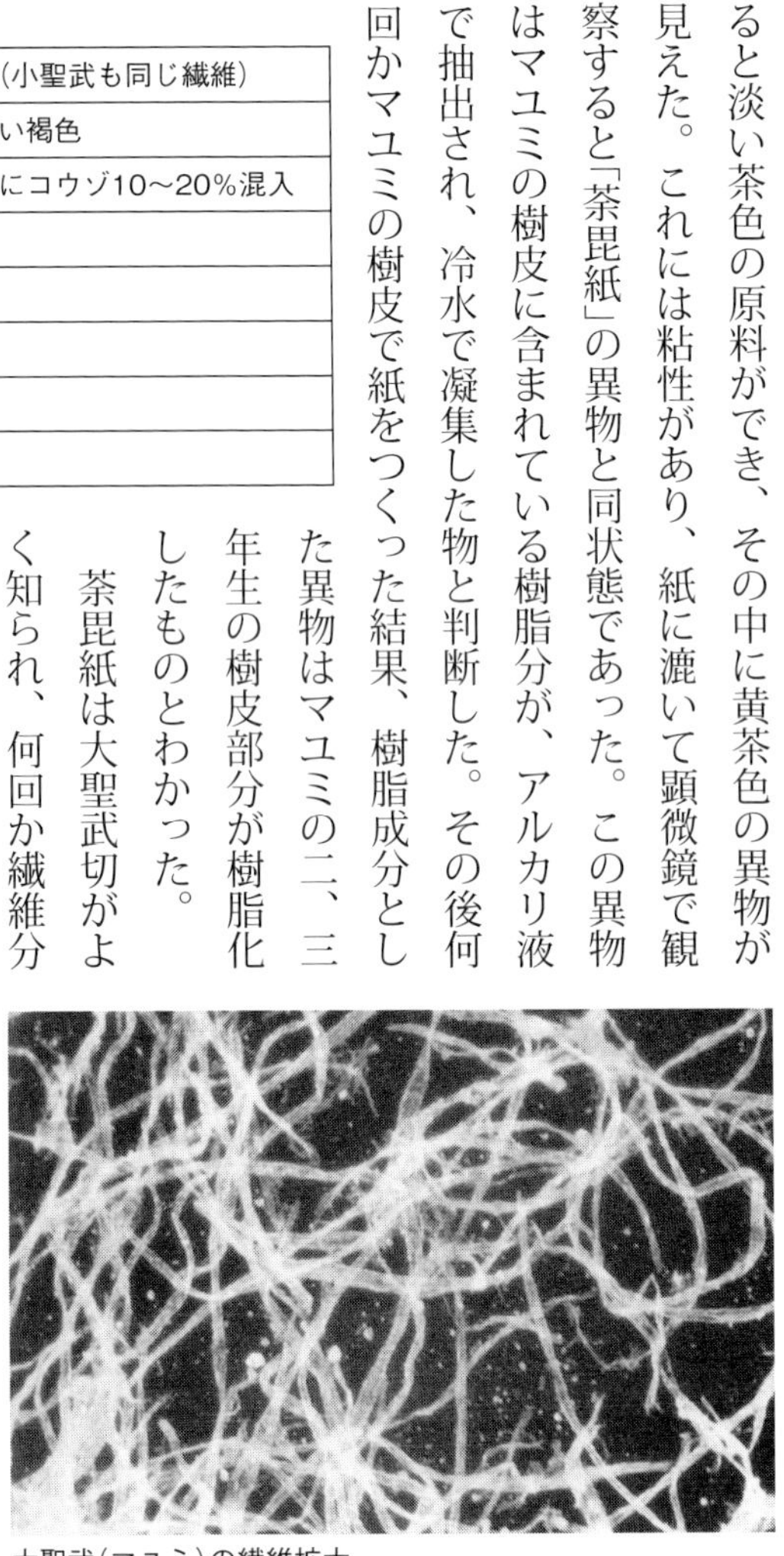

大聖武(マユミ)の繊維拡大

料紙の製法を整理して推測すると、大聖武は短くて扁平なマユミの繊維だけで漉き、元々表面が平らな紙に打紙加工を行ない、より一層表面を平滑にし、加えて胡粉を塗布して筆記性を一段と改善した最高級の紙である。中聖武はマユミに少量のコウゾを加えて漉き、キハダ染めや膠塗布などして打紙加工をした紙で、加工処理法はこの時代の一般的な製法と考える。

マユミの繊維でつくられ、黄茶色の異物が混入した紙を総括して「茶毘紙」とするなら、大聖武も中聖武も同じと判断できるが、表面の加工法には大きな違いがあり、外観は異質の紙と見られる可能性が大きい。

◇百万塔陀羅尼(百万塔陀羅尼の料紙)

【百万塔陀羅尼とは】

『百万塔陀羅尼』とは、764(天平宝字8)年から約6年かけて770(宝亀元)年に完成した、高さ約20cm、露盤の直径10cm前後の三重の小塔の中に納められた陀羅尼の総称である。陀羅尼は、縦5・5cm、横25~57cmの印刷紙片で、包み紙に巻いて納められていた。陀羅尼には、根本・相輪・自心印・六度の4種がある。

陀羅尼経（自心印）（本紙：縦5.6×横37.7㎝ 表紙：縦5.6×横6.8㎝）

百万塔陀羅尼

包み紙（縦6.3×横7.0㎝）

【分析結果】

小型の稀少な料紙で、貴重な文化財であるから、これまで繊維を採取した分析例は少ない。しかし、私は静嘉堂文庫など、国内各所に収蔵されている百万塔陀羅尼の修復の際に剥落した繊維片を採取して、顕微鏡観察をすることができた。調査結果は、次の通りである。

調査点数は全部で17点。このうち苧麻紙1点、コウゾ単独紙12点、コウゾと他の繊維の混入紙3点、クワ紙1点である。クワも含めてコウゾがほとんど使われていることから、百万塔陀羅尼の製作された奈良時代において、製紙原料の主体はコウゾと推定される。この結果をまとめると表2のようになる。

ジンチョウゲ科植物であるガンピやオニシバリが、すでに補助原料として使われていることが注目される。

コウゾも色々な処理がなされている。例えば、切断面が多く見られるコウゾと切断面がほとんど見られないコウゾがあったり、さらに蒸煮後の洗滌の程度が異なることから、非繊維細胞の多いものや少ないもの、また叩打処理による外部フィブリル化の状況が違う、などである。原料の処理方法は一定していないといってよい。

表2 「百万塔陀羅尼」料紙の分析結果

陀羅尼名	資料数	コウゾ		他の原料	表面加工	
		切れたコウゾ	長いコウゾ		ニカワ（膠）	キハダ（黄檗）
根本（こんぽん）	6	4		切れた苧麻1 切れたクワ1	6	2
相輪（そうりん）	6	3	1	コウゾ・ガンピ1 コウゾ・オニシバリ1	6	2
自心印（じしんいん）	3	1	1	長いコウゾ・ガンピ1	3	1
六度（りくど）	2		2		2	1

＊根本、相輪、自心印、六度は、百万塔と呼ばれる木製の高さ19.5cmの三重塔に納められた『無垢浄光大陀羅尼経』に説かれた6種の呪文から選んだもの

表面観察や透過光観察の結果からも、さまざまな製紙法があったことが確認される。萱簀跡や竹簀跡の見える紙、紗漉き（柿渋をひいた絹紗を簀に張って漉くこと。簀目や編糸の跡が紙面に現われないようにして、均一に滑らかな紙を漉く技法）と思われる紙や、溜め漉き風地合の繊維の方向性が一定していない紙、流し漉き風に繊維が流れている紙などである。

表面加工についても、同様である。膠処理はすべての料紙に行なわれているが、水の吸収速度には大きなばらつきがある。膠加工がされていないと思われるような、墨が紙表面の繊維の中に沈んでいるものもあり、キハダもすべての紙に塗布されているわけではない。

4種の百万塔陀羅尼のなかでも、とりわけ稀少なため貴重といわれる六度の料紙は、2点とも瑩紙か打紙加工が施されていた。このように、陀羅尼の料紙には、多種多様な紙が使われたのである。

●奈良時代の製紙技術がわかる史料としての意味

以上の結果、百万塔陀羅尼に使われた紙には、さまざまな原料・原料処理法・表面加工などがみられることが確認された。このように、さまざまな技法が施された紙が使用されていることは、百万塔陀羅尼の紙がある特定の1カ所で生産され供給されたのではなく、さまざまな場所や工房で生産され、また製紙に携わった人も数多くの人々が存在したことが推定される。

さらにこうした多種多様な製紙技術がこの段階でみられるということは、奈良時代の紙の生産技術（原料・原料処理法・漉き簀・漉き方）に対する改良が、想像以上に早期から進められていたことも推定される。

中世の古典籍・古文書の紙

溜め漉き法から流し漉き法へと製紙技術が向上していた頃、華麗な装飾紙が王朝文化を華やかに彩っていた平安時代も末期になると、律令国家が緩み、地方の各地で武家階級が勢力を持ってきた。彼らはもともと中央から派遣された貴族が土着した子孫で、桓武天皇系の平氏と、清和天皇の系統の源氏がとくに有力になり、実力を競った。1185（文治元）年に平氏が壇ノ浦に滅亡し、源氏が鎌倉幕府を樹立した。

中世とは1192（建久3年）に源頼朝が鎌倉幕府を開いた時点から、足利政権が滅亡した1573年までの約380年である。この間は完全な武士の支配社会となり、公家たちは没落した。中央の重圧から脱した地方は、自由に独自の産業を興し、民衆の生活は活気に満ち、地方の文化が育まれた。

平安時代の紙の消費層は公家と僧侶であったが、中世には武家や土豪も文字を読み、書いたので、需要が増大するとともに用途も広がっている。

◇六波羅探題御教書（1273年正月27日、重要文化財）

【史料の性格】

「六波羅探題御教書」は、1273（文永10年）正月27日の文書である。鎌倉幕府の地頭頓宮氏と興福寺一乗院門跡の預所（荘園制下の現地管理者）との相論（訴訟）で、地頭の訴えに対し、預所の陳述を求める内容である。

頓宮左衛門尉代縁寛申、所□一若女事、申状如此。□□任上
□執行、弥令所申無相違。□□可被返之。若又有子細□、可
明申之由、可令下知給候。仍執達如件。
文永十年正月廿七日　　左近将監（赤橋義宗）（花押）
大和国長河預所殿

鎌倉中期に成立した冊子本『金発揮抄』（第三）の紙背文書として伝来した。書写した人物は、本文書などの内容から、南都の僧侶と推測される。

寸法は縦27・4×横43・8㎝。裏打などは施されておらず、文書のウブな状態が観察できるよい見本である。

第三冊表紙の伝領識語に「伝領湛睿」とあり、称名寺三世長老湛睿（1271〜1346）が鎌倉末期に所持した本とわかる。現在は金沢北条氏の菩提寺である称名寺（神奈川県）が所蔵する。

【所見】

半流し漉きの技法で漉かれたクリーム色の楮紙である。ちり

は少ない。漉きムラが目立ち、地合はあまりよくない。厚紙であることは間違いないが、紙厚は0・12〜0・19㎜と一定しない。

繊維間には非繊維細胞が残っているなど、上質な紙とは評価できない。米粉が混入していることもあり、虫損はかなり激しい。

簀目（すのめ）は明確に視認できないが、おおよその本数から見て、萱（かや）簀（す）で漉かれていると判断される。厚紙を漉く際には、萱簀を使うのが通常である。

打紙加工は施されていないが、墨が沈まず表面に定着しているため、膠が塗布されていると判断される。

◇平宗盛書状（1167年9月18日、重要文化財）

【史料の性格】

本文からは、平重盛（しげもり）（左兵衛督）の手元にある美濃国麻績（おみ）牧に関する「寺家の下文」を、平宗盛（むねもり）（重盛の弟）の仲介を受けて、藤原経宗（つねむね）（大炊殿（おおい））の派遣した使者藤原済綱（なりつな）（院近臣（いんのきんしん））が受け取りに行くという経緯が読み取れる。

某寺社から流出したものが、神田喜一郎氏（1897〜1984）などの手を経て、歴博に現蔵されている。

おほいとの（大炊殿）の申せと候。なりつな（済綱）の申候、みののくに（美濃国）のおほみのまき（麻績牧）のこと、いそき申させおはしまして、しけのくたしふみ（寺家の下文）、なりつな（済綱）にたふへく候。なりつな（済綱）かりとこそ、うけたまはり候へと申せと候に候。あなかしこ。

「仁安二年」九月十八日　宗盛（平）

右兵衛督殿（平重盛）

現状は掛軸装で、文書の寸法は、縦32・9×横48・4㎝（第一紙）、59・0㎝（第二紙）だが、本来は縦幅で60㎝以上あったと推定される。継目の部分は、両紙ともある程度の余白を切断している可能性が高い。つまり本紙は、大型紙に分類できる寸法で漉かれたものである。

【所見】

紙は、繊維の方向性が少ない流し漉き技法で漉いた、コウゾの厚紙。両紙ともに糸目は3・5㎝、簀目15本強／3㎝だが、いずれもおぼろげにしか見えない。打紙（うちがみ）加工はなされていないが、磨いているため（瑩紙（えいし））、表面は平滑である。一部に未叩解（みこうかい）繊維も混じるが、繊維が充分に洗滌されているので、表面は美しい。白く、ちりがなく、地合がよいなどの良質紙の特徴に加えて、大きくて厚みがあり、繊維の方向が均一で表面が平らな高級紙に分類される。

白色度の高さは、レッチングの結果と推定される。また、藍染めされたコウゾの繊維が、微量に混入していることがわかる。

繊維片が混入していることは、この紙を漉く直前に、同じ漉き簀で色紙を漉いていた可能性を示唆している。とすれば、この料紙は、特殊な紙や色紙を漉くような高度な技術を持つ職人の工房で製紙されたと推定される。
　つまり、この書状が高級紙に書かれていることは明らかである。弟宗盛から兄重盛宛のものである点もふまえれば、目上に対する礼式を意識した結果だろう。

◇金沢貞顕書状（1316年7月頃かと推定される、重要文化財）

【史料の性格】

「金沢貞顕書状」は、北条高時（1303〜33）が執権就任（1316〔正和5〕年7月10日）に行なった判始（幕府行事の一つ）の日程について言及している書状である。日付が確認できないが、判始の直前の書状と推測される。

〔前欠〕ハて、御披露ハあるへからす候。猶々喜悦候（このあとに繰り返し記号入る）。今朝進愚状候き。定参着候歟。抑典厩（北条高時）御署判事、今日、御寄合出仕之時、別駕（安達時顕）・長禅門（長崎高綱）両人申云、御判事、任先例、来十日可有御判候。七月者、最勝園寺殿（北条貞時）御例候云々。其後長禅門ニ対面候。相州（普恩寺基時）職御辞退事、去夜高橋九郎入道を召寄候て申候了。愚身。

現在は、称名寺（神奈川県）が所蔵する。折本装の醍醐寺で継承する真言密教の口伝書『某宝次第西酉』の紙背文書として二次利用されている。そのため、上下に分断された状態で伝存しており、寸法は上段が縦16・4×横44・3㎝（右側が欠）、下段が縦16・3×横57・5㎝である。
　称名寺に残る金沢貞顕書状のなかでも、横幅が現状で57・1㎝と大きいが、袖側が切断されている可能性が高く、もとは60㎝を超す大きな料紙だったと推定される。
　本紙は檀紙に近い上質な素材を使いながら、簀目が表れないように漉いた引合紙と考えられる。表裏の簀目を目立たず仕上げたのは、紙の表裏を使う寺社の需要に応え、両面とも滑らかにする加工が施されたためである。

【所見】

　半流し漉きの技法で漉かれた乳白色の楮紙である。繊維の方向性は見られない。漉き目は見えない。ちりは少なく、未分散繊維がある。米粉が混入していることなどから、虫損が微かに生じている。紙厚は0・08〜0・1㎜の範囲である。なお裏打紙はガンピ・ミツマタの混ぜ漉き紙で、近代に施されたものと推定される。地合はやや劣るが、金沢貞顕がやり取りしたほかの料紙同様、上質な紙である。
　なお現状では、全面に打紙加工が施されている。しかし書状面の文字はかすれが激しいので、書状作成（一時利用）の段階で打紙加工が施されてなかったことは明らかである。二次利用に先立ち、白紙の裏面に細かい文字を書き込む必要性から、打紙加工を施したのだろう。

●戦国武将と紙

甲斐国には平安時代から紙漉きの記録があるが、生産規模は小さくおもに生活雑紙であった。学術啓蒙を目指す武田信玄は、武士は戦をするだけでなく文字を学び教養を身につけることが大事と説き、紙の生産体制も確立して国内の和紙生産は増大し産地も増したが、原料不足問題が発生した。

伊豆韮山城攻略に出兵した望月清兵衛は修善寺紙を見て、甲斐の紙とは異なり色はやや赤茶色であるが、表面が平滑で筆記性がよい点に注目して、修善寺に留まり紙漉きを修行した。地元に帰り土地の人々にミツマタの栽培法と手漉き法を指導し、三椏紙（みつまたし）を武田信玄に献上すると大変喜ばれ御朱印状を受けた。

紙の重要性を知る信玄・信頼親子は、地元の上質なコウゾの「肌よし紙」とともにガンピの紙を多く使用したらしく、これらの紙が使われた書状が残っている。

奈良・平安時代の貴族や高級僧侶の間では良い紙の条件として、大きくて厚く、・白いこととされ、使用した紙でその人の教養・経済力・人柄・地位などがわかるといわれ、地位が高くなると文書の用紙に気を配った。

尾張守護代の子であった織田信長は、それなりに教養も経済力もあったため、コウゾの上質紙を使っている。豊臣秀吉は信長の生前中には紙を無頓着に使っていたようで、表面にモモケがあり、虫食いのある紙や汚れた料紙が見られ、天下統一後は大型で厚い紙であるが横シワやちりが混入した紙を使用している。

徳川家康は幼少の頃、駿河の今川義元に人質として育てられ、国主としての厳しい教育を受けたと思われる料紙が見られ、金粉を塗布したガンピとコウゾの混合紙や中国産竹紙など文人墨客などが好んで使用した高級紙もある。桶狭間の戦い後、信長に駿河国を与えられると、信玄の「学術啓蒙」思想に傾注していた家康は、三椏紙の生産を奨励するため、駿府城内に修善寺の紙漉き職人・文左右衛門を招き移住させた。領内の農民も城内に迎え入れ、三椏紙の製法を学ばせたという。

江戸幕府が開かれると江戸に人々が集まり、幕府の殖産興業の奨励と出版物の増加を背景に、ミツマタの駿河半紙がヒット商品になり江戸文化を大きく発展させた。

ところで、秀吉の小田原攻撃に理由なく遅参した伊達政宗は、領国を米沢、会津から移された。新領地は現在の宮城県と岩手県南半分であった。旧領地から政宗を慕って紙漉き職人が移住したので、新領地のコウゾの栽培適地は水が豊富、冬期間晴天が多い、空気が乾燥して人手が多いなどの土地を選び芳章紙（ほうしょうし）

など26種の紙を漉いた。政宗は領内の殖産興業策としてコウゾの植樹令を出し紙の生産を拡大させた。

植樹したコウゾはカジノキで、繊維は太く長いので表面が粗く書には不向きであるが、平安時代から僧侶や高級武士に愛用されていた「紙子」に適していることを知り、漉き方も十文字漉きとして各種の紙子を制作し、江戸では「仙台紙子」と呼ばれ評判であった。

紙子――紙でつくった衣服（写真：紙の博物館）

近世の古典籍・古文書の紙

中世の紙のおもな消費者は公家、僧侶と武家であったが、近世に入ると多くの町人も消費者になり、江戸時代後半には紙の種類も多く、生産量も増大して、製紙がわが国を代表する産業の一つとなり、紙は日常生活の必需品となった。

近世の初めは全国の産物の多くが大坂に集まり、紙も多くは大坂に送られた。紙には蔵物と納屋物があり、蔵物は諸藩で集めて大坂の蔵屋敷に送られたもの、納屋物は諸国の問屋・商人から大坂に送られたものである。

政治の中枢が移った江戸では、徳川政権の幕藩体制のもとで経済活動も活発になり、江戸時代中期頃から関東周辺の紙産地が成長し、各地の紙産地から直接江戸市場に出荷されるようになった。京・大坂に送られていた大産地の美濃や越前などからも、大坂より江戸に送る荷が多くなったという。

都市を中心とした紙市場が発展したのは、庶民にも広く出版物が手に入るようになったことに加え、町人が帳簿を付けたり手紙を書くなど書写材としての需要が増加したことや、衣服や建築物にも広く用いられるなど用途の拡大が大きく影響した。

◇檀紙

檀紙（だんし）は、紙肌が粗く簀目跡が出た厚様の楮紙。近世には、抄紙の際に紙面に独特の皺（シボ）をつくるようになる。近世の檀紙について私が料紙調査をした中から、特徴的なものを列挙してみたい。

①「吊るし乾燥」と思われる技法で、その結果、横線のある檀紙があった。これは溜め漉き風で地合が悪い粗紙である。
②表面平らで軟らかい檀紙がある。地合も良く、米粉入りの上質紙になっていて、皺がほとんど見られない。
③良質紙、奉書紙の厚く大形にした紙が想像される。
④湿紙を剥がす時に生じたと思われる厚薄がある檀紙がある。これは、ネリ剤と紙料液の分散不足と、脱水不良が想定される仕上がりである。
⑤成紙後に何らかの方法で皺を付けた檀紙がある。これは湿紙に簾状の道具を押しつけたものと思われる。
⑥現代風の皺が入った檀紙がある。成紙後に皺を人工的に入れたものと思われるものである。

現在は、檀紙のすべてに皺が入っているが、江戸時代の檀紙には皺のない檀紙もある。江戸時代の檀紙は乾燥時に自然にできた縞模様のある檀紙と、人工的に皺を付けた檀紙がある。人工的皺のある檀紙は、ネリ剤にノリウツギが使われている。

◇奉書紙

奉書は、公文書に使う紙であるから良い地合の紙が多い。しかも書写用紙であるから文字が書きやすく、墨の滲みを抑える目的で米粉を加え、表面加工は古い奉書紙は打紙され、ニカワやドーサ処理紙が多くあり、近世後期には澱粉処理紙がみられる。

◇杉原紙

中世までの杉原紙は小判で薄く、扱いやすい紙として武士社会に広く使われていたが近世になると町人大衆にも使われた。製法がやさしく、厚さや大きさ・漉き具・表面加工など規定がないようで、産地ごとに製法は異なり、檀紙や奉書紙を漉く職人に比べ製紙技術が劣っていると思われ、色々な面で統一性がないと感じる。

技術力の乏しい紙職人は淘汰され、明治時代には杉原紙は洋紙に代わられ消滅したと思われる。

◇藩札・私札

江戸幕府は貨幣経済を中心に成り立っており、基本となる金・銀・銭の三貨の発行は幕府が独占していた。そのため諸藩とも産業の発展と商品の流通が鈍り、財政は窮乏していた。

徳川家康の孫、高田藩主松平忠昌（ただまさ）は、兄の越前国主忠直が度重なる咎めにより配所に赴いたことから越前に入封したが、お家騒動の後であり藩財政は困難を窮めていた。そこで、幕府が加封を履行しないことを口実に、幕府から給与された正価を基礎に、銀札（ぎんふだ）発行の計画を立てた。幕府は初めての銀札発行の申請に苦慮したが、家康の孫であり、大坂の陣の働きも考慮され、ついに１６６１（寛文元）年、福井藩に藩札の発行を許可した。これが実在する藩札の最初といわれている。

藩札の発行は、藩財政の膨張に加え、参勤交代にかかわる膨大な費用、御普請手伝いを命ぜられた外様大名らの財政負担、天災飢饉などによる藩財政の窮迫が著しく、これを救わんとしたことが大きな要因となった。こうして一時的な藩財政立て直しのため、各藩が藩札の発行に踏み切るようになった。これは領内だけで通用する信用通貨であるが、１８７１（明治４）年にまとめた数値によると、２４４藩と旧幕府直轄領14、旗本領９で、１６９４種の藩札が発行されている。

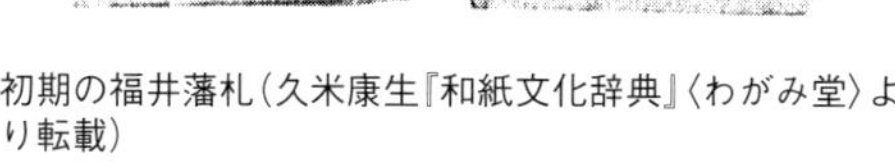
初期の福井藩札（久米康生『和紙文化辞典』〈わがみ堂〉より転載）

公的な性格を持つ藩札に対し、民間で発行・流通した「私札（しさつ）」と呼ばれる紙幣もある。私札の始まりは、伊勢山田の神領で発行された山田羽書（やまだはがき）で、戦国時代末期とされている。最初の藩札といわれる福井藩札は、これを原型にしている。

「私札」には寺社、宮家、公家によって発行された「寺社札」や「公家札」、町村による「町村札」または「自治体札」、商家による「町人札」宿場、伝馬所、問屋場、渡川会所などによる「宿場札」、鉱山などの作業場による「労賃札」があり、これらの多くは藩札より流通範囲が狭く、私的要素が強いので、現代の小切手や手形などに似たものが多い。

藩札と私札の違いは、発行主体が領主にあるのか、私的なところにあるのかで判断できるが、個々の札によって、これらの性格は大きく違ってくるので、単純な判別法はないとされる。地方によっては、強力な商人が発行した私札は信頼性が高く、藩札は無視されたところもある。

藩札や私札には紙が使われ、貨幣かその代替品として当時の技術の枠を究めていることから、紙の歴史・紙の製法・印刷法・墨やインクの種類・偽造防止対策・版のデザイン性など学ぶ点が多く、紙関係者だけでなく、古札研究者・版画家、印刷技術者、インク製造、偽造研究者、デザイナーなどの研究対象として人気を博している。

◇ワラ紙

【ワラパルプの可能性】

　ワラは製紙用パルプの原料として用いられた、古い材料の一つであったが、木材パルプが登場してから、その生産量は著しく減少した。現在では木材資源の乏しいヨーロッパの国々、例えばオランダ、イギリス、フランス、イタリアなどでワラパルプの生産は続けられている。アメリカでは木材が豊富にあることに加え、ワラの入手、保存貯蔵などの経費が高くつくので生産は減少しているが、地球温暖化など環境保護の面で木材の伐採が制限され、農業副産物である穀物ワラの繊維利用とワラパルプの生産が見直されている。

　現在生産されている麦と稲の残留茎稈を100％製紙に利用するとしたら、世界の紙生産量を超えるといわれるほど、量的には恵まれているが、ワラは家畜飼料や農業肥料として価値が大きく、加えて稲ワラにはワラ工芸原料としての用途がある。

【稲ワラと麦ワラ】

　今後ワラを製紙用パルプに利用するには、集荷、結束、貯蔵、工場への輸送などの問題があるが、最大の弱点はヘクタール当たりの収量が少ないことといわれている。

　わが国はおもに稲ワラを紙に利用するが、欧米においては麦ワラが多く使われている。稲ワラと麦ワラを比較すると、麦ワラは品質優良で歩留まりが高く、繊維も長いので、和紙の補助原料としては稲ワラより優れている。稲ワラは茎稈部に多量の珪酸分を含んでいるから、蒸煮時に苛性ソーダを浪費する欠点があり、砂や土など外部から機械的に付着している不純物が多くあり、蒸煮が難しい節部も多く、除去も麦ワラのように吹分法（ふきわけ）が適用しにくい不利な点がある。しかし第二次世界大戦後まで麦ワラは紙以外の利用が多く（例えばワラ屋根、工芸など）、価格も高いので稲ワラを使用せざるを得なかった。

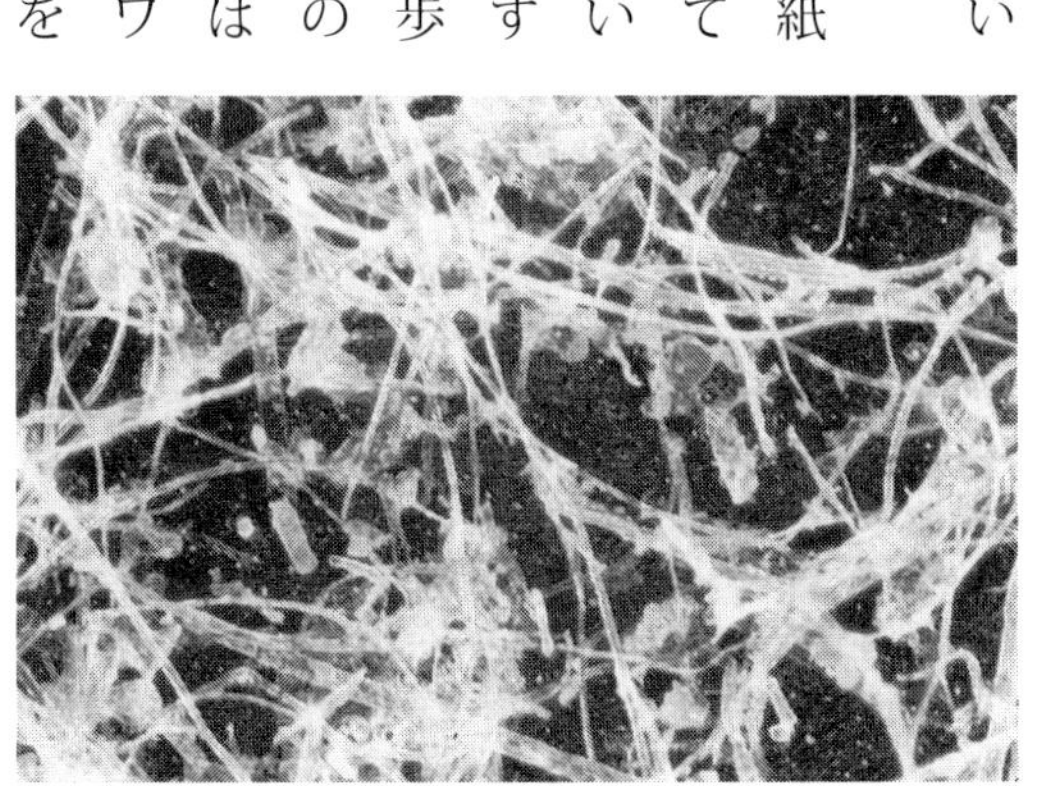

ワラ紙の繊維拡大

【稲ワラの部位別利用―吹分法】

　和紙の生産者が使用する稲ワラは、「スベ」と呼ぶ、穂の付け根から第1節までの部分で、品質が良く、歩留まりも高く、価格も高いが、上等和紙の原料として利用された。「中抜」は第1節以下の節部と外包部を除去した中茎部を集めたもの、「節抜藁」は節部のみを除いたもので価格も安いが品質も最下級、藁茎はこの3つの原料に分けられる。稲ワラの節部は硬く煮え難いだけでなく、この部分に珪酸分がとくに多く、蒸煮薬品の浪費となり、紙に混入すると透明斑点を残す欠点となる。小工業者は手により節を取り去り、大工場では麦ワラパルプの製造と同じ「吹分法」を行なう。

吹分法は稲ワラを15～30㎜に切断して、これを大きな吹分室の扇風機で重い物、軽い物、中間に分ける。硬く密度の高い節部は重いので近くに、軽い葉鞘部は遠くに飛ぶ、中間には茎稈部が残るので、これをパルプにする。

現在は、ワラから紙原料になるパルプを造るには、化学的製法が行なわれている。ソーダ法・硫酸塩法・塩素法が用いられているが、規模の小さい和紙業界においては平釜を使用したソーダ法が一般的で、回転釜を使用し高温高圧の下で蒸煮する大工場においては、硫酸塩法が用いられる。木材パルプの硫酸塩法は蒸煮液を回収利用できるが、木材と異なり、珪酸分の多い稲ワラは回収利用ができないので、排水処理などの設備が必要になる。

稲ワラの繊維は木材繊維に比べ細く短く、アルファ・セルロースが少なく、ヘミセルロースが多いので、堅くパリパリした紙となる。単独使用では上質紙になり難いが、他の原料と混ぜた和紙は強靭ではないものの、紙質は緊締して紙の腰を強くし、紙面が平滑となる。毛筆による運筆が良好となり、墨の滲みも穏やかになることから、書道用和紙には必要な補助原料とされ、地球環境問題で非木材繊維の使用が叫ばれる今日、中国から麦ワラパルプが輸入され、機械漉き和紙などに使われている。

現代の和紙

江戸時代には、厳しい紙の専売制や請紙制といわれる制度のもと、紙の生産は統制されていたが、明治維新以降、中央集権化が進むとともに、各地の和紙生産の行政方式も激変し、農民の職業の自由が保障され、強制されてまで紙をつくらなくてもよくなった。

一方で、原料の買付け資金は借用できず、販売の組織構造もわからない農民たちは大きな打撃を受けた。江戸時代、紙の生産量が最大であった山口県で、農民は請紙制の存続を嘆願したものの、県当局はこれに応えることができず、コウゾの畑は茶、コンニャク、桐などに転作し、廃業するものが増えた。「つくらされる紙」から「つくる紙」への体制変換に対応できなかったためである。

ところで、昭和時代初期に「木材パルプが入った和紙は良い紙だ」という時期があったと聞いたことがあるが、当時の和紙は現在、フケ、ホクシング（鉄板乾燥時代に鉄板の錆が紙に付着してキツネ色に変色する現象）、強度劣化等の問題を多く残していることを和紙の生産者は充分認識すべきと痛切に感じた。

現代の和紙は、同じコウゾ製の和紙でも、西日本の紙は完全な流し漉き法で、漉き枠に汲み込まれた紙料液は枠の端から端まで流れる製法で、薄紙が多く見られるが、東日本は半流し漉き法に近い方法で、汲み込まれた紙料液は枠の中央部で波たつ方法が行なわれて、厚手の紙が多いことが確認できた。

●現代の和紙利用

【薄葉系統の和紙】

地合の良い紙で、和紙の場合坪量20g／㎡以下とされている。薄葉系統には2種あり、ガンピ製とコウゾ製である。ガンピ製の薄葉は繊維が半透明で光沢がある性質なので、透明紙としても使われる。平安時代の女流作家が愛用していた「やわやわ」は、コウゾを薄く漉いた湿紙を、すぐに貼り板に付ける（簀伏せ）ものである。吉野紙も薄葉紙と呼ばれる。

【金箔紙】

金箔を打ち延ばすのに用いる石粉を混入した雁皮紙。箔打ち紙としては名塩紙が古くから名高い。金箔を四方に伸ばすには、紙の繊維が平均に広がっていることが大事であるから、留め漉き法で高熱に耐える石粉を混入している。

【金糸銀糸用紙】

西陣織の金糸や銀糸をつくる地紙で、多くは近江鳥の子紙が使われていた。薄い鳥の子紙に金箔や銀箔を貼り合せ、2～3㎜に切り金糸・銀糸にして、帯地の絹糸を経糸にして緯糸の代わりに金糸・銀糸を織り込む紙。

【複写用紙】

伝票用紙などの裏面にカーボン印刷を施したもので、カーボン紙を挟まずにコピーが取れる紙。原紙は晒化学パルプで抄き、水をはじき滲みのない、地合均一な不透明度が高い紙がよい。

【改良半紙】

愛媛県で明治中期からミツマタを主原料として漉いた半紙。事務用・複写用として需要があったが、一時コウゾや稲ワラやその他の粗悪な原料を混入して声価を落とした。近年は書道用紙が多い。

【図引原紙】

三椏紙にドーサを引いた製図用の紙。明治初期にはコウゾ製であったが、明治中期にミツマタ主体に変え、機械ではできない精密な紙と評価され海外にも輸出された。

【原紙系統の和紙】

一般に原紙とは加工前の紙を指すが、ここでは型紙原紙とする。

型紙は布などに模様をつけるための厚紙。原紙はコウゾを原料にして美濃で専門につくられた「伊勢行き」と呼ばれる薄紙である。三重県鈴鹿市の地紙屋で3～4枚をワラビ糊と柿渋で貼り合せ厚紙にして、柿渋塗布・乾燥を何回か繰り返し、最後に室で燻蒸して型紙原紙に加工して型彫師に納めていた。

【日本銀行券】

1942(昭和17)年の日本銀行法の制定により、お札の表題を変更するために、「日本銀行兌換券」を翌年以降「日本銀行券」と改めたお札が発行された。

経済状況もあり、国産初期はミツマタ100％であった紙幣用紙も1944年には針葉樹晒サルファイトパルプ60％、ミツマタ20％、木綿20％。1946年では針葉樹晒50％、針葉樹未晒40％、ミツマタ10％の木材パルプ主体の粗紙となっている。近年の紙幣用紙は研究が進み、木綿・アバカ・稲ワラ・ミツマタなど特殊な植物繊維が使われ、世界でも最も優れた用紙と評価できる。

【証券用紙】

証券や重要文書に使われる紙で、紙質が強靭で堅く締まり、耐久性が高いことが求められ、一般に厚手で、明治期には局紙に使用された。機械抄紙では透かし入りなどの偽造防止も施された。

【鳥の子】

雁皮紙の一種で、未晒しの原紙の色が鶏の卵の色に似ているからといわれる。とくに滑らかで堅く、耐久性のある強く美しい紙。中世から越前と摂津の名塩が産地で、かな書き用の料紙や日本画などの画材用紙に使われる。

【元結および水引などの原紙】

紙は撚ることで、強靭で張りのある紐になる。この独特な性質は単に物を結ぶだけでなく、美しい形を創造することを発見した。髪を束ねておくために元結という紙紐が使われ、これに色を付け贈り物を結ぶ紙糸を水引と呼んだ。この糸に用いる紙は平安末期ころに純コウゾ製の紙が紙縒(かみより)にされ用いられた。

【美術紙】

コウゾを原料に敷いた和紙に草木の葉、蝶などを薄葉紙の間に挟んだ紙や、一度藍などで染めた紙をほぐして、雁皮紙に雲形に流し込んだ「打ち雲」や「飛雲」、水面に墨汁で波模様をつくり、この模様を雁皮紙に写し取る墨流しも美術紙といえる。

【書画用紙】

書の紙には漢字諸家に好まれるキメ細かい、滲みの美しい、稲ワラと青壇でつくられた中国産の「宣紙」などと日本でつくられた和画宣は、ミツマタ、ガンピなどでつくられ、仮名用に装飾された料紙もある。

（宍倉佐敏）

◆木材パルプと世界の紙・板紙生産量

樹木は空気中の炭酸ガスを葉で吸収し、根から得た水分を葉に運び、葉の組織内で太陽のエネルギーを活用して炭酸同化作用によって酸素を放出し、樹内にはグルコースを蓄えて繊維や澱粉などを生産している。

木材繊維を利用した紙が発見されてから250年、機械で造られたのは150年前と歴史は浅いが、現在では木材繊維がなければ社会生活を営むことはほとんど不可能となっている。

まさに「木材パルプの時代」となるなかで、表にあるように世界の紙・板紙の生産量は4億1000万t（2016年）までになっている。年ごとに発表される世界の紙・板紙の生産量をみると、北米・欧州・日本のシェアが低下する一方、経済発展が続くアジアの存在感が増していることがわかる。

世界の紙・板紙生産量（2016年）

国名	生産量（千t）	構成比（%）
中国	111,288	27.1
米国	72,120	17.6
日本	26,279	6.4
ドイツ	22,633	5.5
韓国	11,652	2.8
インド	11,257	2.7
インドネシア	10,932	2.7
ブラジル	10,464	2.5
フィンランド	10,145	2.5
カナダ	10,117	2.5
合計	296,887	72.3
その他	113,996	27.7
世界計	410,883	100

資料：RISIアニュアル・レビュー

4章

各地の和紙

各地の和紙

ここでは国内各地でつくられてきた特徴的な和紙について取り上げながら、和紙の原料となる植物繊維やそれぞれの製法について考えてみたい。

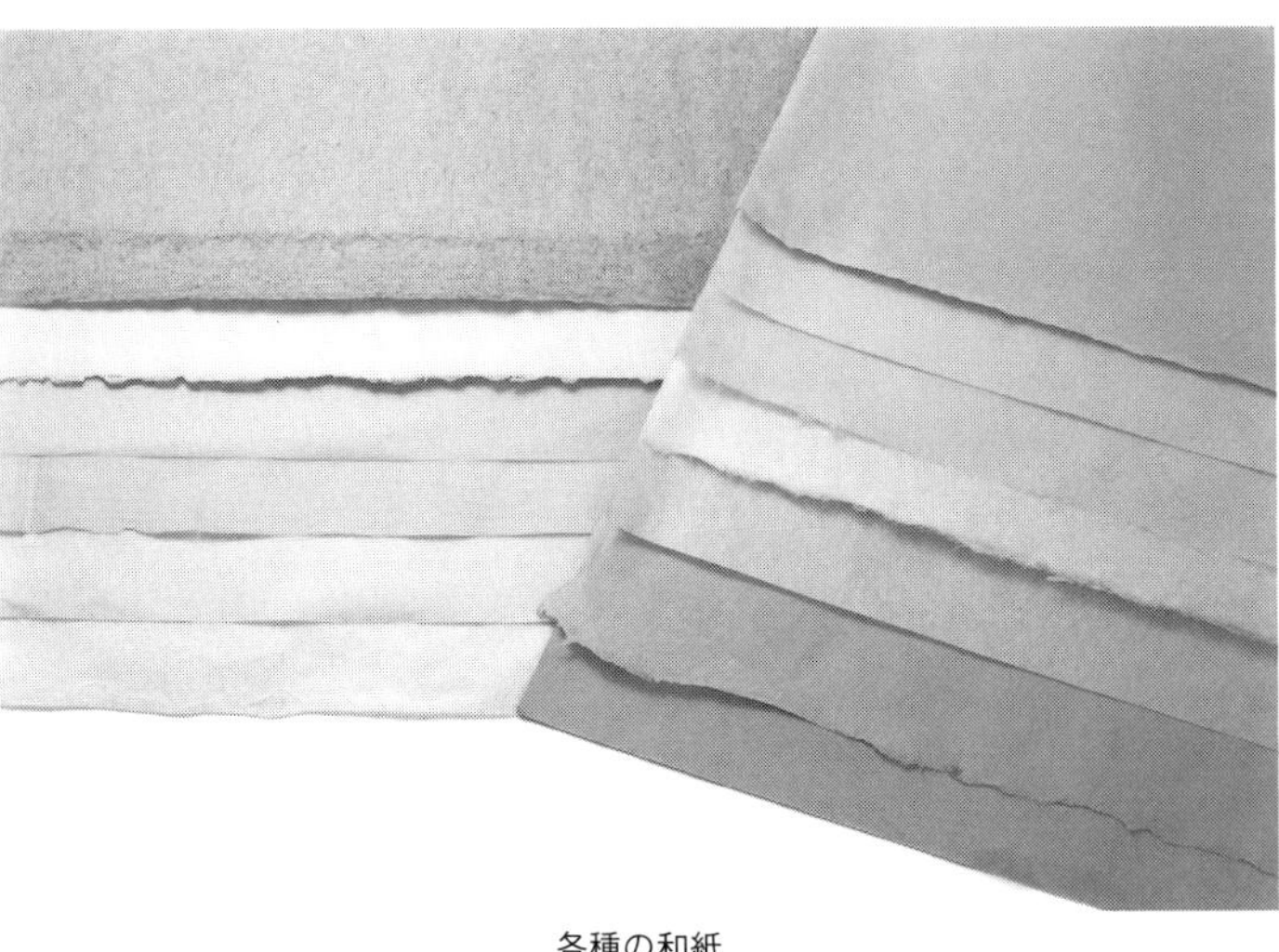

各種の和紙

［左上から］
吉野紙（よしのがみ）
芭蕉紙（ばしょうし）
局紙（きょくし）
箔合紙（はくあいし）
美栖紙（みすみがみ）
石州半紙（せきしゅうばんし）
土佐典具帖紙（とさてんぐじょうし）

［右上から］
清光箋（せいこうせん）
麻紙（まし）
細川紙（ほそかわし）
出雲民芸紙（いずもみんげいし）
鳥の子紙（とりのこがみ）
箔打原紙（はくうちげんし）
泥間似合紙（どろまにあいがみ）

●吉野紙

美栖紙（みすがみ）は大和吉野地方（奈良）に産するコウゾ製の薄紙で、現在は高知産のコウゾを購入して、吉野川の清流で晒して、カミソリの刃で皮のキズを取り除く。吉野紙は極薄であるが粘り強い楮紙（ちょし）で漆や油を濾すのに適し、女性の懐紙にも使われた。

製法は紙料の洗滌（せんじょう）に手間をかけ叩打した繊維をさらに水洗い（濁り出し）して不純物を取り除き、漉き上げた湿紙を絞らずに干し板に貼り、濾し紙に適した紙質にしている。

美栖紙は吉野紙と同質の原料を桜材の棒で叩き、水を加えて細い樫の棒で叩き充分分散した紙料液に胡粉（ごふん）（貝殻を焼いてつくる炭酸カルシウムを主とする白色顔料）を混入し、湿紙の紙床をつくらず、簀のまま干板に伏せる簀伏せ法が特徴で、嵩が高く柔らかいので、表装の増裏打（ましうらうち）に適する特殊紙。掛け軸などの表具は、本紙を保護・保存するために裏から紙を補強するために裏打ちを行なう。最初の裏打ちに重ねて行なうのを増裏打と呼ぶ。

●芭蕉紙（沖縄）

江戸初期まで九州産の和紙に依存していた琉球は、沖縄の自然環境での紙漉きの工夫が行なわれ、1717年に沖縄独自の芭蕉紙が開発された。沖縄県のイトバショウでつくる芭蕉布は、茎の外側の太い繊維を使い、内側の白い皮を紙の主原料にした。

1mの長さの茎を叩き分散してソーダ灰で煮熟後もみ洗い、5㎜程に切断する。繊維の形態はマニラ麻に似て強靭で粗く、非繊維細胞が多く残っていて、激しい流し漉きができないので素朴な風合いを持つ紙となっている。

●局紙（福井）

1877（明治10）年に、紙幣寮抄紙部（翌年印刷局に改称された）の工場でミツマタを原料にして溜め漉き法でつくられた紙。翌年のパリ万博に出品して、その美しく粘り強いことが世界的に知られ、1885年から多量に輸出されるようになった。

この当時欧米で純白の紙は多く見られたが、局紙は、優雅な光沢と色合いを持ち、紙肌が滑らかで、紙の腰が強く、緻密な印刷ができる厚紙として評価された。後に印刷局で生産を中止して、福井県越前の民間に製法が伝えられ、現在もミツマタで溜め漉きしている。

●箔合紙（岡山）

金銀箔を保存し、使うときに1枚ずつ剥がれやすいように箔の間に挟むのが箔合紙（はくあいし）。昔は石州半紙を切って用いたが、近年は岡山県津山市で薄いミツマタ製の紙が特製されている。三椏紙は楮紙より滑らかで、乾燥も室内乾燥のため箔を分離しやすい。

良質なミツマタの白皮に石灰をまぶして蒸し煮すると紙肌が石灰煮独特のカサカサ面になる、蒸煮後の灰出しを清らかな流れ水で長時間洗うと微細繊維が流れ変色がなくなる、高級な漉き具である極細の竹簀を使うと、細かい凸凹のある紙肌になり箔が剥がれやすい、室内乾燥は紙に静電気が起き難いので箔との接着が少なくなるなど、製法に特殊な工夫がある。

●土佐典具帖紙（高知）

美濃で漉き始めた最も薄い楮紙の一つが土佐典具帖紙（とさてんぐじょうし）である。地元産の上質なコウゾの白皮を清水に浸け、石灰とソーダ灰でゆっくり煮て、洗滌後2回のちり取りを行ない、水から出して「からより」して打解機で解し、馬鍬で充分な分散をする。

「かげろうの羽」といわれる男性にしか漉けない紙で、激しく簀桁を揺さぶりながら一気に漉く。

足や腰、腕、そして指先に全身全霊を込めて、まるで神業のようである。漉き舟の中の原料液が沸き立つように盛り上がって、勢いよく踊り、巻き上がる大波のような高さになるさまは、まさに芸術的。柔らかいのに強くて薄い、そして艶がある。江戸時代には裏打紙や紙布の紙糸・漆濾しに用いられ、近代の輸出ものは宝石などの貴重品の包装、歯科医療、美術品の補修裏打ちなどに使われる。

●清光箋（高知）

高知県仁淀川町吾川地区で産する画仙紙の一つ。画仙紙には普通色々な原料を配合するが、これはミツマタ100％の紙料を萱簀で流し漉きをしているのが特徴である。中世の修善寺紙に似た淡い薄茶色の色合いを持ち、表面は滑らかで女性的な雰囲気がある。かな文字用や淡彩の墨絵用に適している。

●麻紙（福井）

正倉院文書には多くの麻紙が見られるが、平安時代には穀紙の生産が増え麻紙は減少している。麻の繊維は植物繊維中最も長く強靭なので、紙の原料にするには5㎜程の長さに切断する必要がある。麻紙は原料の処理に手間がかかり、紙質がやや硬く紙面がザラザラして筆写しにくいので、日本の製紙史から消えたが、福井県今立の岩野平三郎が復元して、日本画への販路を開いた。横山大観、小杉放菴、平山郁夫など多くの日本画家に愛されてきた。その魅力は墨付きの良さと、厚塗りに耐える強靭さだという。大勢の画家たちとの交流が創造を刺激するその紙肌を磨き上げてきた。

●出雲民芸紙（島根）

和紙の中でも厳格な規格に沿った工業用紙は、障子紙や傘紙などの日用品は生産効率や価格を下げるため木材パルプを混入したり、時代の趣味に合わせるため薬品漂白で紙を白くしたりなど工夫されて、美しさが失われた時期がある。

こうした傾向を批判した柳宗悦（むねよし）は、昭和初期から民芸運動を起こした。1931（昭和6）年、松江で安部栄四郎の漉いた厚手の雁皮紙を見て「これが求めていた紙だ」と賞賛したのが機縁となり、雑誌「工芸」の和紙特集などによって、民芸紙の具体的な内容が整ってきた。柳によれば、民芸紙とは、コウゾ・ミツマタ・ガンピの未晒し紙、顔料で染めた色紙、他の物を混ぜた装飾紙、折り染めなど容易にできる加工紙など日常生活の用途を配慮したもので、自然の素材の美を発揮した和紙であると主張した文章なども発表した。

ただ、和紙業界や試験場の反応は冷たく、民芸紙とは粗末な紙、失敗した損紙のようなものとみなしていた。戦後、工業用紙や障子紙・傘紙が姿を消すと、各地で民芸紙を取り上げるようになり、今では珍しいものではなくなった。

●鳥の子紙（滋賀）

各地に鳥の子紙の産地があるが、滋賀県産は近江鳥の子と呼ばれる。生産の中心地は大津市上田上桐生で1740（元文5）年頃に敦賀から製法を学び始まったと記されている。地元産のガンピ（地元ではコウズと呼ぶ）を白皮にして保存し、蒸煮薬品はソーダ灰と重炭酸ソーダを使う、洗滌を充分行ない、水の中で傷やちりを取る。機械叩打後ナギナタビーターで繊維を分散してから再びちり取りをする。このとき竹の棒で撹拌すると、光沢がでる、砂を落す、紙が柔らかくなる、繊維が膨潤するなどの効果がある。

この鳥の子紙は金銀糸台紙や詠草料紙として、京都の加工業者の需要に支えられて発展した。近年は古書の復刻用紙や文化財補修用として重視されている。

●箔打原紙（兵庫）

名塩（兵庫県西宮市塩瀬町名塩）産が古くから名高い。雁皮紙、金箔打ちには東久保土と呼ぶ白色もの、銀箔打ちには蛇豆土という茶褐色のものを混入して漉いた。地元産の雁皮黒皮を業者から購入し緑色の甘皮や傷を削り厳しく精良な白皮にする。水浸けして木灰煮熟後丁寧にちり取りを行ない、石臼に原料を入れ動力で木槌を動かし長時間叩く。紙料液に極細かい岩石粉とネリを加え充分撹拌後、漉き舟の前に胡坐をくみ、古風な簀桁を用いて紙料液を汲み込み左右に動かす。簀桁の天地を変えて、さらに汲み込み左右に揺すり、半流し漉き風に天地左右に水をゆるやかに動かし、ゆっくり脱水する。簀桁を天地に変えることで繊維の方向性が一方向にならない。

●泥間似合紙（兵庫）

摂津の名塩で、ガンピに地元産の泥土を混入して漉いた間似合紙で、泥土は白・青・黄・茶などの色があり1種か2種を混入し、泥土で着色したため、「五色鳥の子」、「染鳥の子」と呼ばれたように、泥土を混入すると着色のほかに虫害を防ぎ、紙の伸び縮みをなくし、耐熱性を増す。

また、防火に役立ち、墨色や金箔の輝きをよくし、変色防止の効果もあり、反古紙を使った粗悪なものが出回り、襖の下貼りに使うことが多くなった。紙漉き法は箔合紙より紙料液を多く汲み込むが、左右と前後に動かし溜め漉きの操作になる。近年、本来の用途である襖紙や画材用紙のほかに、文化財の保存修理用紙などの用途開発がされている。

●世界遺産認定の和紙＝コウゾのみを原料にする

【石州半紙（島根）】

石州半紙の特徴は、和紙の中でも最強といえる丈夫さがあることで、その丈夫さは耐折試験がわかりやすく、石州半紙は耐折強度が高い。この強さはコウゾの長い繊維が絡んでいる隙間を短い繊維が埋めているからである。

石州半紙は、楮皮の表皮を包丁でそぐ際、真っ白にせず、緑色の甘皮部分を残すのはこのためで、そのため紙色は黒く、紙肌が緻密になり、指ではじくとあたかも雁皮紙のようにチャリチャリ高い紙音をたてる。石州半紙は薄くて丈夫であり、野性味たっぷりな男性的な美しさを持っていると評価されている。

・石州半紙の製法

①**原料**　真楮は繊維が細く長く、光沢がある。ほかに繊維は粗いが強靭な高楮(要)がある。薄皮を削る際、甘皮(緑皮)を残す

②**煮熟**　ソーダ灰12％で2時間煮熟後2時間蒸して、釜より出す

③**灰汁抜き**　独特の未晒し自然色を生かすため長時間灰汁抜きは行なわない

④**ちり取り**　清水の中に、底にビニール網を張った木箱を入れ、その中に楮皮を浸し、一本一本ちり取りを行なう

⑤**叩解**(こうかい)　手打法、樫の盤上の楮皮を樫の木棒で入念に叩き、仕上げに水を加えて柔らかくして打つ、手打ちを丁寧に行なう

⑥**紙漉き**　㋑ネリにトロロアオイを使用。㋺竹簀、編み糸は絹糸、一寸の編み上げ30～33本、桁は桧材、8枚取りの大判。㋩激しく細やかな縦ゆり

⑦**圧搾**　紙床を一晩置いて自然に脱水したのち、ジャッキーで絞って脱水する

⑧**乾燥**　板干しの天日乾燥が復興してきた。刷毛は馬毛で横に柄のついた形

⑨**裁断**　定規を当てて包丁で切る

※石州半紙技術協会は１９６９(昭和44)年に国の重要無形文化財に総合指定された。

【本美濃紙(岐阜)】

本美濃紙の特徴は厳選された原料のコウゾの仕入れから製品の仕上げまで、本美濃紙ならではの古来の技法が保存・伝達されている。その丹念な職人の技が、柔らかみのある温かな風合いを生み出している。

本美濃紙の魅力は、太陽の光に透かしたときに見える、繊維が整然と縦横に絡み合った美しい姿、そして、年を経るほど白さが際立つことで、本美濃紙は繊維がむらなく絡み合って、他の国の用紙よりもひときわ漉き方が秀でており、古くから製紙の先進地であったことがうかがえる。

・本美濃紙の製法

①**原料**　現在は茨城県産の優良な那須コウゾ

②**川晒し**　白皮を煮熟前に板取川の清流に浸け、可溶性の不純物を流し、天日漂白をする

③**煮熟**　ソーダ灰12～13％（白皮に対する重要比）の溶液で沸騰後1時間煮熟し2～4時間釜内に放置する

④**灰汁抜き**　清流に数時間浸けて灰汁を溶かす

⑤**ちり取り**　清流の中で白皮を1本ずつ丁寧にちりを取る

⑥**叩解**　平らな石の上の白皮を、断面に菊花状に切り込み彫った松材の槌で打ち叩く。場合によりナギナタビーターで繊維を分散する

⑦**紙漉き**

㋑馬鍬で繊維を充分分散してネリにトロロアオイを使う

㋺竹簀は3㎝に33本で編み糸幅は3・5㎝

㋩漉き方

①「化粧水」を簀全体に広げる、を3回繰り返す。②いったん簀桁を置いて針や指先でちりやニナイ(繊維のかたまり。ツリ、ボンボンともいわれる)を取り、化粧水を汲み広げる、を2回行なう。③「宙ぶり」紙料液を汲み込み、簀桁を宙に浮かして持ち縦方向に揺するたびに、紙料液を前方に少しずつ捨てる、を3、4回行なう。④「横ゆり」紙料液を汲み込み、左右に10回ほど揺すり、最後に捨てる。⑤「もたせゆり」紙料液を汲み込み、簀桁の端を漉き舟に着け、数回以上上下させ揺する。⑥「宙ゆり」「横ゆり」「宙ゆり」を繰り返す、⑦「払い水」汲み込み、前方から捨てる。

㊁圧搾　1夜そのままで自然滴下して、翌朝油圧ジャッキーで静かにしぼる

㋭乾燥　栃材の干し板に貼り付け天日乾燥する。刷毛は馬毛を使用

※文化財指定年日は石州半紙と同じ。

【細川紙(埼玉)】

埼玉県小川町で漉かれる生漉き(米粉や土粉を混ぜずにトロロアオイなどの粘剤と原料となる植物繊維だけで漉いた紙)の楮紙で、主として江戸市場で帳簿・文書などに常用された。紀伊国伊都郡細川村の細川紙の技術を移植して、江戸の町人向けに育てた紙とされている。現在の細川紙は東京のさまざまな需要を反映して障子紙・雲龍紙・ガラス繊維入り紙・書道半紙・画宣紙・塵入り紙・文庫紙など種類が多いが、中核となるのは細川紙である。細川紙は紙面のケバ立ちが生じ難く、極めて強靭な楮紙で、とくに群馬楮を使用のものは淡黄色の明るい紙色と光沢を示して、独特の魅力を有する。

・細川紙の製法

①**原料**　群馬県産のコウゾで太くて長く、黄味が強いことが細川紙に適している

②**川晒し**　清流の中に浸けて、不純物を溶かす

③**煮熟**　釜の水が沸騰すると、ソーダ灰18%を投入、白皮を1時間煮熟後、天地がえしをして1時間煮る。翌日の朝までそのまま放置する

④**ちり取り**　手よりのちり取りを行なう

⑤**叩解**　コウゾ打解機で1時間打ち、ナギナタビーカーで分解する

⑥**紙漉き**

㋑竹簀で一寸に34本程度、編み糸幅3・3㎝

㋺ネリはトロロアオイ

㊁紙漉き

①化粧水を紙料液の上面の液を汲み取り、簀全体に均一に広げる、2回繰り返す。②調子は紙料液を汲み込み、天地に10回くらい揺する、いったん簀の先方に捨てる。③紙料液を汲み込み、軽く回して簀の先方に捨てる。④前の②と③を繰り返す。⑤捨て水は汲み込みを少し多くして、汲み水をまとめて簀の先へ突き送ると同時に、まとまった水を手前に引き戻す、数回して先に流す。

⑦**圧搾**　夜自然に水を流し、翌日油圧ジャッキーでゆっくり加圧する

⑧**乾燥**　縦型固定三角式の鉄板乾燥機を使用

※1978年に重要無形文化財に指定。

今回世界遺産に認定された3産地は、団体による研究会または保存会を設立して複数人の共同体の中でつくる単製品が認定されたもので、産地全体が認定を受けたのではない。石州半紙・本美濃紙・細川紙の単品が指定されているだけである。使用原料はコウゾに指定され、製法は各団体が決めた規定通りに生産されなければならず、厳しい認定と思える。

●原料による和紙の違い

和紙の3大原料であるコウゾ・ミツマタ・ガンピはすべて靭皮繊維であり、低いアルカリ濃度の液でリグニンやペクチンが容易に可溶して単繊維化ができるという特徴があり、繊維の長さと幅の比がとくに大きいことが和紙に適している。これらからつくられる紙の質に違いがあるのは繊維の形態に起因する。

3種とも形態は似ているが、コウゾは生長期間が1年と短いので春期に生長した繊維と夏以降に育った繊維の2種が混合している。長さが平均8～9㎜と長いのは2種とも変わりはないが、春に育った繊維は幅が平均20㎛と細く、繊維壁が厚いので丸く円筒状で、夏以降に育った繊維は幅が平均25㎛と広く、繊維壁が薄いので扁平でリボン状となる、生育環境・種類によってこれらの混合比は異なる。

ミツマタは5年前後の生長期間があるので、繊維の形態に変化はないが、平均長さ3・5㎜で平均幅は20㎛で繊維壁が厚いので円筒形で繊維の形状は揃っている。

ガンピは生長が遅く伐採できるのは7年程で、ミツマタ同様に繊維の形態に変化はないが、平均長さ3・2㎜、平均幅19㎛で繊維壁が薄いので扁平で透明性のあるリボン状である。

和紙原料の繊維の違いで和紙には違いが生まれると考える。

（宍倉佐敏）

5章 栽培

楮・三椏

コウゾを栽培する

※カラー口絵ⅵⅶも参照ください

●コウゾに出合う

筆者と和紙原料とのかかわりは、20年あまり前に行なった高知県吾北村（現・いの町）柳野集落での林業に関する調査がきっかけであった。5年連続で水質日本一となった仁淀川の支流域にある柳野集落は、国内有数の和紙原料産地である。調査していた時期が冬であったこともあり、集落のあちこちでコウゾを収穫し、また枝を蒸して皮剥ぎしているところを見かけた。

柳野地区と山々

調査が進むにつれて林業と和紙原料とのかかわりが深く、焼畑でミツマタ栽培をしながら植林を進めてきたことがわかった。柳野集落には、戦後しばらくまで紙漉き工房が複数あり、和紙を通じて人が集まった。周囲の山々や畑はミツマタとコウゾに包まれた「和紙の里」であったのである。

筆者は1995年以降、海外での調査と並行して、柳野集落や茨城県などでの和紙原料栽培の調査と手伝いを進めてきた。そして、自らも6反あまりの畑で、コウゾやミツマタなどのさまざまな栽培方法を試行している。

高知県いの町にある筆者のコウゾ畑

何世代にもわたり、コウゾ畑を受け継いできた各地域の農家の方たちは、筆者とは比べものにならないほど栽培知識や経験が豊富である。しかしながら、栽培農家は激減し、貴重な栽培技術も消えつつあり、何とかそれを受け継ぎ、残していかねばと焦るばかりである。

さらには、本当に良いコウゾを求める動きが活発化しつつあり、これまで培われてきた技術を土台にしながら、新たな栽培法を構築していく必要も生じている。そのような状況を生むきっかけになったのが、２０１４年11月のユネスコによる日本の手漉き和紙技術の無形文化遺産登録である。

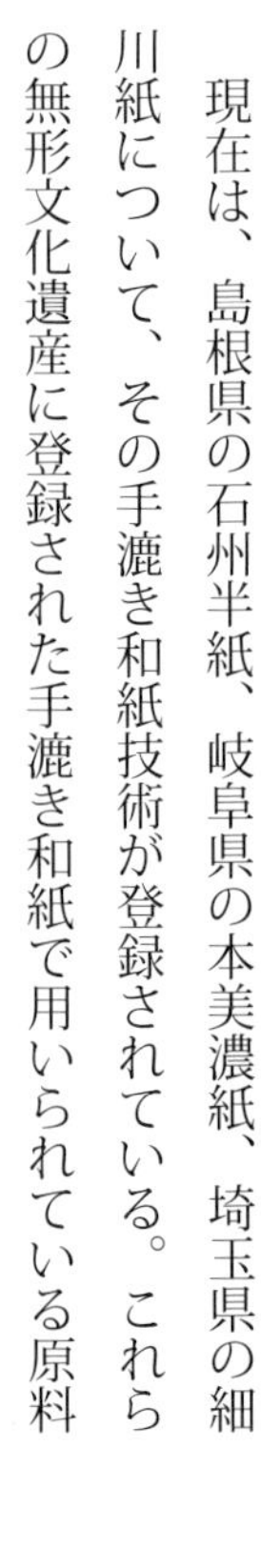

現在は、島根県の石州半紙、岐阜県の本美濃紙、埼玉県の細川紙について、その手漉き和紙技術が登録されている。これらの無形文化遺産に登録された手漉き和紙で用いられている原料

には、国産かあるいは国内の特定産地の原料が用いられている。また、国宝などの文化財の保存修復に用いられる和紙の原料についても、国産原料のみを利用することになっており、これらの紙に合った良い原料を求める動きが活発化しているのである。

とくにここ数年、「良い原料があれば全部欲しい」「原料が足りず紙が漉けない」という紙漉き師も珍しくなく、これまでは「探せばどこかにはある」「原料問屋に頼めば何とか集めてきてくれる」というような状況ではなくなっている。

このような状況のなか、収量を多くすることを優先した栽培方法ではなく、どのような紙の原料になるかを考え、量よりも質を優先した栽培が重要になりつつある。

表1　大正13年の県別コウゾ生産量

	栽培面積(ha)	生産量(t)	生産量順位
高知県	5,439.3	3,121.2	1
島根県	1,752.4	1,442.7	2
山口県	1,140.7	1,361.1	3
福岡県	658.2	1,267.9	4
熊本県	518.4	1,008.1	5
愛媛県	1,017.7	911.7	6
鹿児島県	391.9	889.5	7
佐賀県	622.6	870.7	8
宮崎県	360.1	784.5	9
大分県	312.6	615.8	10
茨城県	293.3	545.5	11
徳島県	336.4	462.1	12
広島県	293.8	456.4	13
長野県	380.9	430.1	14
群馬県	336.6	389.4	15
福島県	369.3	375.8	16
岐阜県	175.4	326.1	17
全　国	16,619.3	17,858.6	

出典：農林大臣官房統計課（1926）『大正十三年第一次農林省統計表』農林省

かつてのコウゾの栽培法の一部については、倉田益二郎氏や中條幸氏によってまとめられているものの、多くの栽培技術は活字にされていない。筆者は各地の紙漉き師や農家とのつながりをつくりながら、求められる原料とその栽培法を探ってきた。

本稿では、国内最大のコウゾ産地であり、多様な品種が栽培されてきた高知県での筆者自身の取り組みと、周辺地域の農家の栽培法を中心に紹介する。さらには、茨城県や島根県など他産地の栽培方法にも触れながら、コウゾ栽培の基本的な方法とこれからの方向性の一端をお伝えできればと思う。

●コウゾ産地と栽培適地

１９２４（大正13）年調査の第一次農林省統計表によれば、大正期までのコウゾの主要な産地は、高知、島根、山口、福岡、熊本の各県であり、いずれも生産量が１０００ｔを超えるほか、愛媛、鹿児島、佐賀、宮崎、大分、茨城の各県が５００～１０００ｔ未満であった（表1）。

また、コウゾの質という点では、繊維の柔軟性と光沢などが特徴である大子（那須）コウゾの産地である茨城県大子町も高質な原料産地として知られている。このほか、新潟県や岐阜県など、紙漉き師が栽培にかかわりながら生産量を増やしつつある産地もある。

高知県は、１９２４年時の全国のコウゾ栽培面積１６６１９

haのうち33％、５４３９haを占めており、現在に至るまで全国で最大のコウゾ栽培地となっている。高知がコウゾの一大産地となった背景には、高知県の気候風土にコウゾが適していたということが挙げられる。

コウゾの生育条件として最も重要なものは、日当たり・降水量・水はけ・適度な風通しの４つである。高知県内の優良産地の自然条件についても、農林省高岡農事改良実験場によれば、日当たりの良い南西もしくは東向き斜面で、傾斜度は15～45度、水はけと通気性が良く、標高は１５０～６００mと紹介されている。また1月の平均気温が4℃、8月が28℃前後で、年間降水量は２９００㎜、降水日数は１３０日となっている。以下では、コウゾの重要な生育条件について説明していこう。

日当たりについては、日照時間の長さと枝がグングンと伸びていく夏の間の日差しの強さが重要である。後述するように、品種によっては半日陰のような場所でもよく育つものがあるものの、コウゾは基本的に日当たりの良さを求める植物である。

降水量の多さも重要であり、よく晴れてまた適宜多くの雨が降るというような条件をコウゾは好む。高知県は、日照時間が長いのみでなく降水量も多く、年間日照時間と降水量が毎年全国上位に位置する稀な地域である。気象庁の記録を見ると、１９８４年から２０１３年までの30年間の年間平均日照時間は、高知県が２１５４時間で全国2位、年間降水量は２５４７㎜で全国1位であった。

ただし、株が大きくなり、根を広く張っているような状態になれば、やや雨が少なく日差しの強い日ばかりが続いても、コウゾの生育が良好なこともある。茨城県大子町では、このような年は「日照りコウゾ」と呼ばれる良いコウゾができるとしている。

しかしながら、どんなに日当たりや雨に恵まれても、水はけが悪い場所ではコウゾの根が腐って育ちが悪くなるほか枯死することもあり、生育に適さない。かつて水田として使われていた農地でコウゾ栽培を試みている場所があるものの、そのような場所では水はけの改善が必要である。

石などがゴロゴロしている傾斜地や山地、畦、石垣などの水はけが良い場所で、勢いよく枝を伸ばすコウゾの株を見ることも多く、コウゾは田畑の畦や石垣、山畑が主な栽培場所であったという地域もある。

高知県は森林率についても84％と日本一であり、四国山地に囲まれて傾斜地も多く、水はけという面でもコウゾの栽培適地であった。また、茨城県や島根県などの優良なコウゾ畑は、いずれも緩やかな緩傾斜地で、石などが混じった水はけの良い場所にある。水はけの良さは、コウゾ栽培において重要な条件の一つなのである。

適度な風通しについては、コウゾの病気を防ぐという意味で

石の混じった緩傾斜地にあるコウゾ畑

重要である。コウゾは葉が大きく、また株から多くの枝を出し、それぞれが長く伸びるため、畑の中の空気がこもり、湿度が高くなることでさまざまな病気が発生する原因となる。そのような場所では、コウゾの葉が黄色くなって落葉するほか、白紋羽病などが発生しやすい。

台風などの強風が吹き込むような場所は、コウゾの枝がこすれ合って傷になったり、折れたり、株ごと倒れるようなことが生じるため、適地とはいえない。しかしながら、山に囲まれた小さな川沿いや谷間の斜面などは、台風のような強風が山の上を吹きすぎる一方で、適度な風が吹き込むため、過湿を避けることができる栽培適地である。高知県は、台風が来ることの多い地域であるが、山の中には強風が吹き込みにくい場所があり、栽培農家は経験的にそのような場所を知り、コウゾを栽培してきたため、大きな被害を避けることができているのである。

コウゾ栽培において重要な日当たりや降水量については、栽培を行なっている地域の気象条件などに左右されるため、人為的にその環境を大幅に変えていくことは難しい。そのため、日当たりや降水量に恵まれない地域については、施肥などによって、コウゾの生育を促すことが必要である。また、水はけの良さと適度な風通しについては、鍬打ちや枝の剪定など土と株の管理によって、さまざまな工夫の余地がある。

以下では、栽培されることが多い代表的な品種の特徴について紹介する。そして各地域で培われてきたコウゾ栽培のさまざまな工夫について説明していこう。

●コウゾの品種とその特徴

【カナメ】

葉の切れ込みが少なく、かつ浅いものが多く、葉の大きなものほど卵形になることが多い。脇芽が少なく、栽培は容易である。ヤケなどの赤筋が生じることもあるが他品種と比べて多いわけではない。収量はやや多く、50年以上経った株でも枝の育ちが良いことがある。干害や病虫害に強く、繁殖も容易であるが、繊維はやや太く粗い。

【タオリ】

葉の切れ込みはやや幅が広いか、鯰尾(なまずお)葉とも呼ばれる卵形に一箇所のみ切れ込みが入った形状のものである。葉が小さいものについては、深い切れ込みが生じることもある。脇芽はやや多いがヤケは少ない。日当たりのあまり良くない場所でも育ちは良いが、風などで主枝ごと折れることがある。収量は多く歩留まりが良い。地面を這うように横に枝を出すことがあり、下側の枝を剪定して樹形を整えていかないと除草などの作業がしにくい。繊維は長くて太く、やや粗いが強い。

【アカソ】

葉の切れ込みが深く、麻葉様である。樹皮は赤く光沢を帯びていて、脇芽が多く、ヤケなどの赤筋も生じやすい。主枝の先端に近くなるにつれて細かい折れ曲がりが生じることがある。繊維は細長く柔軟で光沢があり、さまざまな和紙に用いられるが、とくに薄い和紙に好まれる。やや日当たりの悪い場所でもよく育つ。株から多くの細い枝がでることがあり、小まめな枝の剪定が必要である。収量は少ないが、歩留まりは良く、施肥と枝の剪定などにより、増やすことができる。干害や風雨の影響を受けやすい。

【アオソ】

葉の切れ込みが深く、アカソに似るが、樹皮は青みがかっており、細い枝が多く出る。主枝の先端に近い部分は細かい折れ曲がりが多い。株から真っ直ぐ上に枝を伸ばすため、作業などがしやすいが、皮が薄く、収量も少ないため、栽培されることは少ない。

【シロソ】

葉には2つの切れ込みが入り、葉柄が長く、樹皮は青白く斑模様が生じることもある。脇芽はごく少なく、真っ直ぐ太い主枝が育つが、ややヤケが多い。樹皮は厚く収量はやや多い。カナメと比べて株の周りに根萌芽した稚樹などが生えてくることが少ない。繊維はやや硬い。

シロソ。樹皮の青白さとまだら模様が一番わかりやすい

【若山コウゾ】

葉はアカソに似て切れ込みが深いが、アカソよりも枝が伸びず、生育は遅く、収量もやや少ない。主枝の先端近くは折れ曲がりを生じるが、アオソほどではない。脇芽が生じることはあるものの、ヤケは少なく、繊維は細く柔軟で光沢に富む。

【大子(那須)コウゾ】

葉の切れ込みはやや浅く、葉柄はやや長い。葉が螺旋状に出ることが特徴であり、脇芽は多い。樹皮の色に応じてアカ・クロの2種類があるほか、やや色味の白いシロと呼ばれるものもある。最も皮が厚いのはクロであるが、白皮にしたときの歩留まりが悪く、アカはやや皮が薄いものの表皮を削りやすく、白皮にしたときに歩留まりが良い。アカは細かく側枝が出るが、クロは側枝がまばらで、主枝の先端部が2つに分かれていることがある。繊維は細短く、柔軟で光沢に富み、本美濃紙などに好んで用いられる。

【石州コウゾ】

おもに、アカと呼ばれる眞楮(マソ)が栽培されており、葉は切れ込みが深いものが多いが、卵形のものもある。マソはやや皮が薄いが、繊維は光沢に富み、強度があるため、石州半紙のみでなく、神楽のヤマタノオロチに用いられる蛇胴紙の原料としても重用されている。マソよりも枝の伸びが良く、皮が厚いクロと呼ばれる高楮(タカソ)も一部では栽培されている。

●コウゾの栽培方法

【農事暦】

コウゾ栽培に関する作業は、各地域の気候や季節の変化、年による違いもあり、さまざまである。例えば、コウゾの収穫は枝から葉が落ちてから行なわれるが、年によっては11月から収穫を始められる地域もあれば、12月以降になる地域もある。萌芽についても3月末に芽が出る地域もあれば、4月半ばにならないと萌芽しない地域もあり、農事暦にズレが生じる。また除草剤を使うか、手作業での除草なのか、脇芽などを剪定するか、そのまま残すかによっても、作業は大きく変わる。

そのため次に紹介するのは、大まかな作業の流れを記した農事暦であると考えていただきたい。

1月：コウゾ収穫、蒸し剥ぎ、表皮削り
2月：コウゾ収穫、蒸し剥ぎ、表皮削り、鍬打ち
3月：表皮削り、鍬打ち、除草剤散布、苗木植え、挿し木、肥草入れ
4月：表皮削り、苗木植え、挿し木、施肥、スギナなどの除草
5月：施肥、枝の剪定、脇芽掻き、カラムシなどの除草
6月：枝の剪定、脇芽掻き、カラムシなどの除草
7月：施肥、枝の剪定、脇芽掻き、カラムシなどの除草
8月：枝の剪定、脇芽掻き、カラムシなどの除草
9月：枝の剪定、脇芽掻き、カラムシなどの除草、薪準備
10月：薪準備、苗木づくり
11月：薪準備、苗木づくり、収穫、蒸し剥ぎ、表皮削り
12月：収穫、蒸し剥ぎ、表皮削り

●枝を伸ばす

【枝の靭皮繊維】

コウゾは株から萌芽した枝を毎年収穫し、皮を剥ぎ、表皮を削って残った白色の靭皮繊維を和紙の原料として利用する。そのため、原料栽培者からすると、いかに枝を伸ばし、皮が厚くなるように育てるかが重要となる。しかしながら、栽培者から

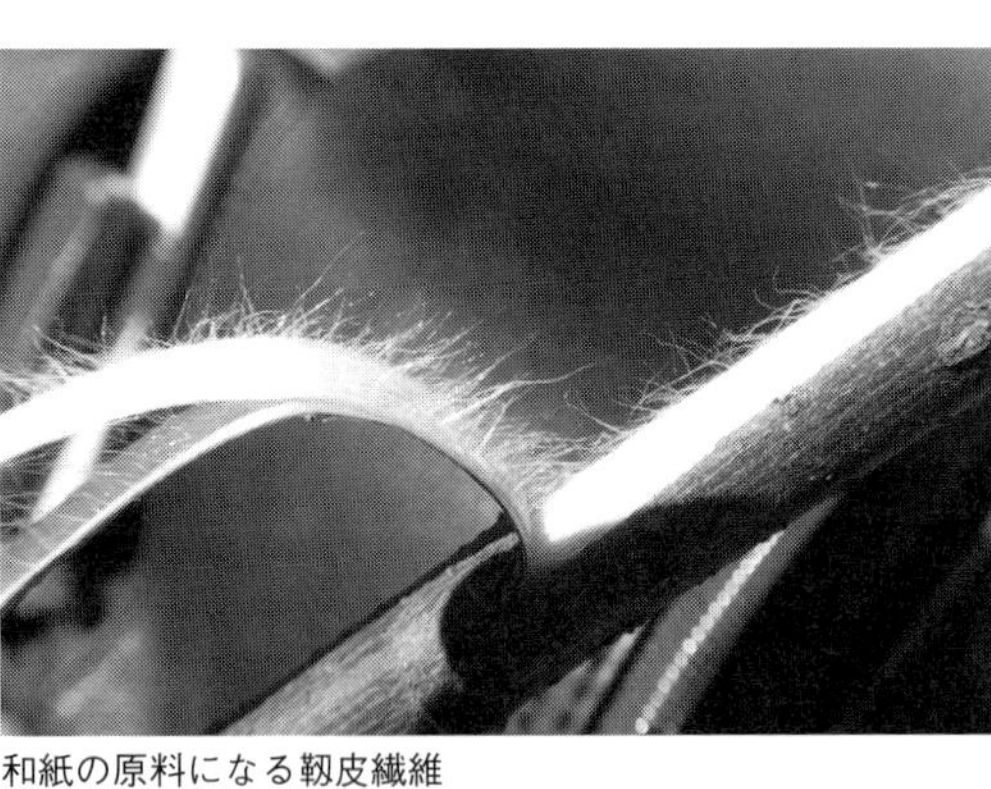
和紙の原料になる靭皮繊維

すれば皮が厚くて歩留まりの良い原料も、和紙によっては繊維が太すぎて不向きだったり、粗くて繊維が硬い原料は、紙を漉きにくいこともあり、紙漉き師が求める原料と栽培者がつくりたい原料が必ずしも一致しない。

　各和紙産地では、さまざまな和紙が漉かれており、それぞれに合う原料や品種があるため、コウゾの栽培方法にも地域差がある。しかしながら、毎年枝を収穫してその繊維を利用するということは同じであり、それがコウゾの生育適地や栽培方法の前提となっている。ごく稀に、萌芽して2年以上が経っている枝を収穫して和紙原料として利用することがあるものの、繊維が粗く、また硬くなるといわれており、厚い障子紙などを漉く場合以外は利用されない。春先に萌芽してから冬の前までの半年余りの間に形成された、柔軟で太すぎず、ほぐれやすい靭皮繊維を持つ枝が、和紙の原料に用いられるのである。

【枝の伸び】

　コウゾは、3月末から4月半ばにかけて株から萌芽し、8月末頃までは枝を伸ばし、また品種や生育の状況によっては脇芽も盛んに出しながら生長する。とくに梅雨から夏にかけては1カ月に1m以上も枝が伸びることがある。秋以降は枝の伸びがおおよそ止まり、11月頃に葉を落とすまでは皮を厚くしていく。

　枝は2〜3mほど伸び、条件が良ければ5m前後になることもある。苗木を植えてから5〜8年目程度のコウゾが、最も枝の生育が良く、収量も多い。地域や土質による違いはあるものの長くても15〜20年目まで収穫した後は新たに苗木を植えて切り替えていくべきとされている。しかしながら、条件が合えば100年以上も勢いよく枝を出し、収穫を続けられる株もある。

【枝の剪定】

　苗木を植えて5年以上が経過したコウゾの株からは、毎年10〜50本ほど萌芽するが、他の枝の下側で育った枝は日当たりが悪くなるため、途中で枯れたり、1m前後の長さにしか育たないことが多い。そのような枝は収穫しても皮が薄く、靭皮繊維が少ないため、収穫やその後の加工作業の手間を考えると、早めに剪定をして他の枝がより大きく伸びるようにしたほうがよい。

　剪定をしない場合、20本以上枝がある株でも、収穫に値する枝が1本もないこともある。その一方で、まったく剪定をしていなくても毎年15本以上も長くて太い枝が育つ優良な株があるのが、コウゾの面白いところでもある。

細い枝ばかりの株

高知県の場合は、5月から7月くらいまでの間に育ちの悪い枝を剪定する。ただし1株あたりの適正な本数があるわけではなく、枝の生育を見つつ、どの程度の枝であれば手間を惜しまず収穫するかという基準を栽培者自身が考えて、剪定するものを決めていく。そのため、栽培者によって半分程度の枝を剪定することもあれば、数本の優良な枝のみを残すこともある。

また、剪定しても枝が大きく育たないような年が続く株については、コケや菌類が入り込み根や幹が腐っていたり、カミキリムシの幼虫が穴を空けて生育を阻害していることがあるため、その株は枯らして焼くなどして新たに苗木を植えていく必要がある。コウゾの株にはエノキタケやシイタケなどが生えることがあり、高知ではこれらをカジナバと呼び、食用にしてきた。しかしながら、カジナバが生える株は、雑草が繁茂していたり、株の密植により日当たりが悪く、湿度が高い条件にあることが多く、草刈りや株の植え替えなどを進めるべきである。

茨城県大子町では、主枝の剪定作業を「元掻き」と呼び、5月半ばに行なう。長さ15㎝程度の小さな枝については手で摘み取っていき、生長の良い枝が30㎝ほどに伸びたら、そのあとに生えてきた枝は育ちが悪いことが多いので剪定する。また同じ場所から複数本生えている枝がある場合は、うち1本をなるべく枝元に近いところで切り、1株につき5～6本程度を残すようにする。夏期についても、育ちが悪い枝や下を這うように伸びる枝は作業の妨げにもなるため剪定をする。

また、剪定としては株から生えてきた主枝のみでなく、脇芽を摘み取る「芽掻き」と呼ばれる作業もあり、芽掻きによって主枝の伸びや皮の厚みを増やすことができる。

大子町で栽培されているコウゾは、アカ、クロ、シロに分けられ、いずれも脇芽の多い品種である。そのため主枝の剪定後、6～8月にかけて芽掻き作業が続けられる。10㎝前後までの脇芽は手でもぎ取り、大きくなったものは剪定ばさみでなるべく元から切るようにする。脇芽であっても1カ月で1ｍ以上も伸びることがあり、毎週芽掻きをすべきともされる。

高知県では、黒潮町挙ノ川地区などを除き、芽掻きは行なわれておらず、脇芽が出てもそのまま伸ばし、恵まれた自然条件を活かして枝全体を大きく育てていることが多い。芽掻きをしても、またすぐに脇芽が出てくるため、初めから芽掻きそのものを行なわず、大きく育った脇枝があれば収穫して和紙の原料にしているのである。高知県では、カナメやシロソなど脇芽の出ることが少ない品種も栽培されている。

島根県浜田市三隅町では、1年目の苗木から出てくる枝は2本のみ残し、2年目は4本、3年目は8本、それ以降については育ちが良い枝のみ20本ほどを残して、剪定をする。剪定の時期は枝が1ｍほどにまで伸びる前であり、5月の半ばから6月にかけて2、3回行なう。7月以降にも育ちの悪い枝があれば剪定する。

三隅町のマソおよびタカソは、いずれも脇芽が出るため芽掻きが行なわれている。主枝が60～70㎝くらいに伸びると脇芽が出ることが多いため、8月末頃まで芽掻きを続ける。


【枝を伸ばすための施肥】


コウゾの生育を促すために最も基本的に用いられてきたのは、チガヤやススキなどの肥草である。高知県いの町では、昭和40年代頃までは肥草を30㎝の厚さにコウゾ畑に敷き詰める熱心な農家もいた。ただし、この肥草はコウゾのためだけではなく、むしろコンニャクのための施肥であった。コンニャクは水はけの良い半日陰の場所で栽培するが、高知県や茨城県では、コウゾの枝葉がつくる日陰での栽培が行なわれてきた。

コンニャクもまた重要な冬の収入源であり、茨城県ではコウゾと一緒にコンニャクを育てている畑をジネンジョ、肥草を敷く作業をカシキと呼んでいる。このコンニャクを大きく育てるために肥草を敷くことで、コウゾもよく育ったのである。

チガヤやススキは11月頃に切って3月頃まで乾燥させてから畑の中に敷き詰める。切ったばかりで乾燥していないチガヤなどを敷き詰めると、カビが発生してコウゾの枝などにも付くことがあるため、注意が必要である。

このほか、牛糞や鶏糞なども用いられるが、最も枝の伸びを良くするのは化成肥料である。枝が伸び始める4月に、「高度化成肥料 14-14-14」を1反につき100㎏ほど散布する。その際にはコウゾの葉に付着しないように気をつけて株から50㎝～1ｍほど離れたところに、1株につき2掴みほど撒く。化成肥料の散布で収量が5割増えるとする農家もある。

牛糞や鶏糞は、4月に1回、梅雨前に1回、1株に付き5～10掴みほど撒き、枝の伸び具合を見て育ちの悪いところにはもう一度撒くようにする。

施肥を多くすると直径5～10㎝、長さ5ｍ以上の枝が育つことがあり、厚い障子紙や強度が求められる提灯などに用いる和紙の原料などには好まれる。しかしながら、収穫や蒸し剥ぎに手間がかかるほか、繊維が粗く硬くなることがあるため、通常の和紙の原料にするのであれば、直径2～4㎝程度の枝を数多く育てるようにしたほうがよい。どのような大きさのコウゾを育てるかについても、その原料を用いる紙漉き師と情報交換しながら、決めていくことが重要である。


【除草】

まずは、除草剤を用いない除草について説明する。コウゾの除草は、収穫が終わった2月もしくは3月の鍬打ちから始まる。鍬打ちによって、コウゾ畑に繁茂するカラムシなどの根を掘り取ることで、春以降の除草の手間を大きく減らすことができる。

またコウゾは横に長く根を伸ばすため、鍬打ちをすることで古い根を切り、新たな根を出させることで株の活性化を促すという効果もある。さらには、5月から6月には根が切れた場所から「根上がり」と呼ばれる稚樹が生えてくるため、苗木として利用することもできる。「コウゾは鍬の音を聞くと喜ぶ」とも言われており、鍬打ちをすることでコウゾの生育を助けることができることを意味する言い回しである。

コウゾ畑は水はけの良い斜面につくられていることが多く、耕耘機などの機械を入れるのが難しい場合、その鍬打ちには大きな労力が必要となる。しかしながら、鍬打ちはさまざまな効果があり、畑の土の状態や性質、特徴などを知ることもできる。鍬打ちをすることで、根などに発生している病気などを発見することもできる。とくに新たに利用し始めた畑などについては、畑の特徴を知り、今後の栽培方法を考えるうえでも重要な作業である。

4月以降についても、9月頃までカラムシなどを鍬で根から掘り起こしたり、鎌での除草や手で引き抜いていく作業を繰り返すこととなる。3月までの鍬打ちの進み具合によって、4月以降の除草作業の手間は大きく変わる。鍬打ちをしっかりとしていれば、枝の剪定などのついでに除草をする程度でもよい。また7、8月以降についてはコウゾの枝が伸びることで下から雑草が生えにくくなる。とくにコウゾの株を密植すると、雑草の生育を抑えられるが、畑の中が蒸れて病気が発生しやすくなるので注意が必要である。

さまざまな草が生えていることで、その根により土壌の流出が抑えられたり、水はけが良くなっていることもあり、草を根から抜かずに、鎌で切って畑に敷くことで、雑草の生育を抑える農家もある。

除草した草は株の周囲に敷くと雑草を抑えるが、株にコケが生える、枝にカビが出るなどで生育不良の原因にも。またミミズを探してイノシシなどが株ごと掘り起こすこともある。

次に除草剤を用いる場合である。コウゾは除草剤に弱く、葉などに掛かると株ごと枯れることがある。除草剤の散布は、コウゾが萌芽する前の3月初めから半ばにかけて行なう。グリホサート系の除草剤などを薄めて、コウゾに掛からないように生育の活発な雑草の葉に撒く。4月以降に生えてくるスギナなどは、草削りで根から掘り取るか、コウゾに掛からないように泡状のノズルで除草剤を散布する。

雑草を抑えるためにマルチなどを敷くこともできるが、土が硬くなり水はけが悪くなったり、高い湿度により根が腐る可能

コウゾとカラムシの葉を食べ尽くすフクラスズメの幼虫

性があるほか、株間でコンニャクなどを栽培できなくなるなどの問題が生じる。ライ麦などの緑肥を株間に植えると水はけが良くなるほか、数回切ってワラを敷いておくと雑草を抑えられ、肥料にもなり、メリットが多い。

コウゾについては、枝が大きく育てば他の雑草に負けて枯れることは少ない。しかしながら、必ず駆除すべき植物としてはカラムシとネナシカズラが挙げられる。カラムシについては、後述するようにフクラスズメの幼虫の食草であり、カラムシに産み付けられた卵から孵った幼虫がカラムシの葉を食べ尽くしたあと、コウゾの葉を食べ、数匹で1株の葉を全て食べ尽くし、コウゾの生育を阻害することがある。そのため、コウゾ畑およびその周囲の畑にカラムシが生えていないようにすることが重要である。カラムシは、葉の形状がややコウゾに似ているが、葉の裏が白いことが特徴である。

春に草刈りをしたあとに生えてくるカラムシの柔らかい葉は、フクラスズメの幼虫にとって良い餌になるため、カラムシを見つけたら何度でも刈る必要がある。草刈りが充分にできなかった場合でも、9月にカラムシの花が咲き、種ができる前にはしっかりと除草すべきである。

ネナシカズラについては、コウゾの株に巻き付いて、枯らしてしまうこともあるほか、枝に少し巻き付くだけで靭皮繊維に深い傷が付き、原料として利用できなかったり、商品価値を大きく下げることになってしまう。

ネナシカズラは、おもに3月に発根・発芽した後、他の植物に寄生するまでは根があるが、数日以内に寄生できなかった場合は枯れるため、なるべく寄生可能な植物をなくしておくことが重要である。ただし、ネナシカズラの発芽時期は春先のみでなく、夏以降に発芽することもあるため、かつてネナシカズラが発生したことのある畑については、なるべく小まめにネナシカズラがないか確認して回るべきである。

コウゾ畑の中にチャノキやコンニャク、サトイモ、ウド、チガヤなどが栽培されていることがあるが、ネナシカズラはあらゆる植物に寄生するため、ネナシカズラが多く発生する場所ではこれらの作物の栽培は避けたほうがよい。

4月半ば頃までは、まだコウゾの萌芽が小さいため、直接的にネナシカズラが寄生することは少ない。よく見かけるのは、チャノキなどに寄生したネナシカズラが、5月以降にコウゾの枝に巻き付き、大繁殖するという事例である。ネナシカズラの種は50年以上経ったものでも発芽するといわれており、一度繁殖させてしまうとコウゾ栽培が難しくなるため、見つけたら小まめに駆除することが重要である。

ネナシカズラに効く除草剤としては、ブタミホス乳剤があり、ネナシカズラの茎を肥大化させることで寄生を阻害することができる。

●苗木とその育成

苗木は、10月から11月にかけて、株の周囲に自生している稚樹を抜いて利用する。これらの稚樹は高知では「根上がり」と呼ばれる根萌芽したものであり、鍬打ちで根が切られた場所や、土の表面に接している根などから生えてくる。稚樹は5〜10本ごとに束にして根部を土もしくは籾などの中に埋めておき、3月半ば以降に苗木として利用する。その際には1週間ほど苗木を掘り出してやや乾燥させてから植えると、発根が良いといわれる。苗畑をつくって1本ずつ移植して大きな苗木にすることもできる。

コウゾの苗畑と栽培者の斉藤邦彦さん

株の周囲に生えてきた稚樹は根が浅いことが多い。これは土の表面に近いところで切れた根などから発芽したものが稚樹となっているからである。そのままそこで育てても、大きくなった際に強風などで根ごと倒れることがあるため、掘り出して深さ15㎝以上に植え直すか、苗木として苗畑などで育成するほうがよい。

苗木は、2mほど間隔を空けて植えたほうが枝の擦れ合いを避けられ、風通しも良くなるほか、草刈りなどの作業がしやすい。間隔を1m程度に密植すると、上記の利点はなくなるものの、枝が混んできて下から生えてくる雑草が少ないという利点がある。いずれにしても苗木を植えたあとは、雑草などに負けて枯れてしまうことがあるため、少なくとも3回はしっかりと除草をすることが重要である。

分根法による苗木の育成もできる。11月頃に育ちの良いコウゾの根のうち、3㎜以上の太さのものを掘り起こして、翌春まで土中などに埋めて貯蔵し、12㎝前後に切って3月下旬〜4月上旬に、根の切り口がわずかに土の表面から出る程度に植える。細い根の場合は、3〜6㎝程度に切って、同じように植えることで苗木とすることができる。乾燥を避けるためにワラやモミガラを敷いてもよい。

挿し木には、3月上旬から4月中旬にかけて切った、太さ0・

分根により育成中の苗木

5～1㎝程度の枝を用いる。長さは15㎝前後で2節以上ある場合は、節目の少し下で切ると発根しやすい。親木が若いもののほうが生長活性が高く発芽率も良くなる。

とくに剪定のあとに出てきた枝や、できるだけ幹、根に近い枝がよい。日光や除草など小まめに世話ができる苗畑で育てるようにし、苗木は極度に乾燥に弱いため、日射しが強すぎる場合は寒冷紗を用いる。親木にはリンとカリウムを施肥しておくと発根率が上がる。オキシベロンなど発根促進剤を使って発根率を上げることもできる。

コウゾは、北海道などを除けば日本各地に自生、もしくはかつて栽培されていたものが野生化していることが多く、それらの稚樹や枝、根などを利用して苗木を仕立てることもできる。しかしながら、野生化したものは品種などがわかりにくいこともあるため、和紙原料用に栽培する場合は、原料の買い手となる紙漉き師とも情報交換しながら、適切な品種の苗木を入手することが重要である。苗木は数年前までは1本100円から150円前後であったものの、現在は300円前後で売られていることが多い。

JAなどで和紙原料用の栽培品種の苗木を扱っていることはごく稀であり、高知県や茨城県、島根県などの栽培農家に直接問い合わせて、購入することが確実である。ただし、販売用に苗木を準備している農家は少ないため、3月に苗木を植える場合は、なるべく前年11月頃までに注文しておいたほうがよい。

●収穫

コウゾの枝の収穫は、冬になり気温が下がり枝から葉が落ちる11月半ば以降に始まる。気温そのものよりも、枝から葉が落ちきることが、収穫時期の合図になる。収穫を急ぐ場合は、葉が付いたままの枝を切ることもある。

高知県では11月半ばから2月までの間に収穫が行なわれることが多い。なかでも12月末までに収穫したコウゾの靭皮繊維は「暮れ蒸し」と呼ばれ、良質な原料としてかつては高値で取引されていた。三隅町では12月半ばから収穫が始まり、大子町では1月半ばから行なわれることが主である。

かつては、旧暦での年の暮れまでにコウゾを収穫して販売し、そのお金で正月を迎えていた。冬にコウゾの作業があることで、出稼ぎに行かずに済む地域も多かったのである。

収穫は、なるべく元に近いところから枝を少し曲げて鎌でス

鎌で枝を収獲したコウゾの株

パッと切ることで切り口の治癒を早めることができる。枝をたわめて張力が働いているところにうまく刃を入れるとスッと切ることができるが、力を入れすぎると枝が折れてしまうため注意すべきである。太い枝については、手鋸で切ることがあるが、切り口の治癒が遅く、株を痛めるため、切り口を鎌できれいに整え直すことがある。また切り口をなるべく日の当たる方向にすることで、切り口の乾燥が早まり、株を傷めないともいわれている。

　最近では、直径4～5㎝程度の太い枝でもきれいに切れる太枝切りばさみを用いる農家も増えている。筆者も使用しているが、枝を刃の奥にしっかり入れて勢いよく切らないと、コウゾの皮が刃に引っ掛かってめくれ上がり、枝と株を痛めてしまうことに注意が必要である。また、太枝切りばさみは鎌よりも根元に近いところで枝を切れるという長所がある一方で、長時間使うことで、手首の腱鞘炎に罹ることもあるほか、両手で切るため、切ったあとの枝を整理し直す手間が掛かる。

　またチェーンソーを使って枝を切るのを見かけることがあるが、切り口がささくれ立って株を痛めることがある。さらには、切り口に表皮や切りくずなどが混ざり込み、ちり取りなど紙漉き師の手間を増やすことにもなり嫌われるため、避けたほうがよい。

　コウゾの枝は元に近いところの皮が厚く、靭皮繊維も多い。茨城県大子町では「元1寸の裏1尺」とも言われる。これは元に近いところ1寸分の靭皮繊維の量と、裏（枝の先端に近い部分）の1尺分の繊維の量がほぼ同じであることを意味しており、それだけ元の部分を大事に収穫すべきことを伝えている。ただし、元に近い部分はやや繊維が硬いことがあり、好まない紙漉き師

コウゾの収獲に適した太枝切りばさみ

チェーンソーで枝を切ったコウゾの株

もいる。

いずれにしても収量を上げるためには、なるべく元から切るべきであるが、多くの枝がある場合、思うように下から切れないことがある。株の回りを歩いて移動しながらなるべく上手く切れる位置を探すべきであり、大子町では「株を8回は回って切れ」とも言われる。

切った枝は、側枝を鎌もしくは鉈で切り飛ばしてから元を揃えて、直径30〜40㎝ほどの大きさに束ねる。畑で70㎝〜1・5mほどの長さに切り揃えてから束ねることもある。

収穫した枝をすぐに蒸さない場合は、日陰に立てかけておかないと、乾燥して皮を剥く作業がしにくくなるため、注意が必要である。2〜3週間程度、日陰に立てかけておいたものも蒸して皮を剥ぐことができるが、とくに枝が細いものは剥ぎにくくなる。元を水に浸けておき乾燥を防ぐ地域もあるが、水温などにより皮が腐ることもあるため、注意が必要である。

●蒸し剥ぎなど加工方法

収獲した枝は、通常数日以内に蒸して皮を剥ぐ作業に入る。コウゾは、甑（こしき）に縦に入れて蒸すことが多い。甑の下部には、竹とワラでつくった「腰巻き」を置いて蒸気漏れを防ぐ。木製の甑ではなく、ステンレス製の大きな寸銅鍋やトタン、ベニヤ板などでつくった箱や組み立て式の横置き型の甑、防炎のテント生地などに包んで蒸すなどのやり方もある。腰巻きがない場合は、布団や毛布などで代用することもできる。

コウゾの束は押し切りや大型の剪定ばさみなどで70㎝〜1・5mほどの長さに切るほか、丸鋸を用いる地域もある。外側には元を下にした束を、内側には元を上向きにした束を入れて大きな束をつくる。

ステンレス製の甑

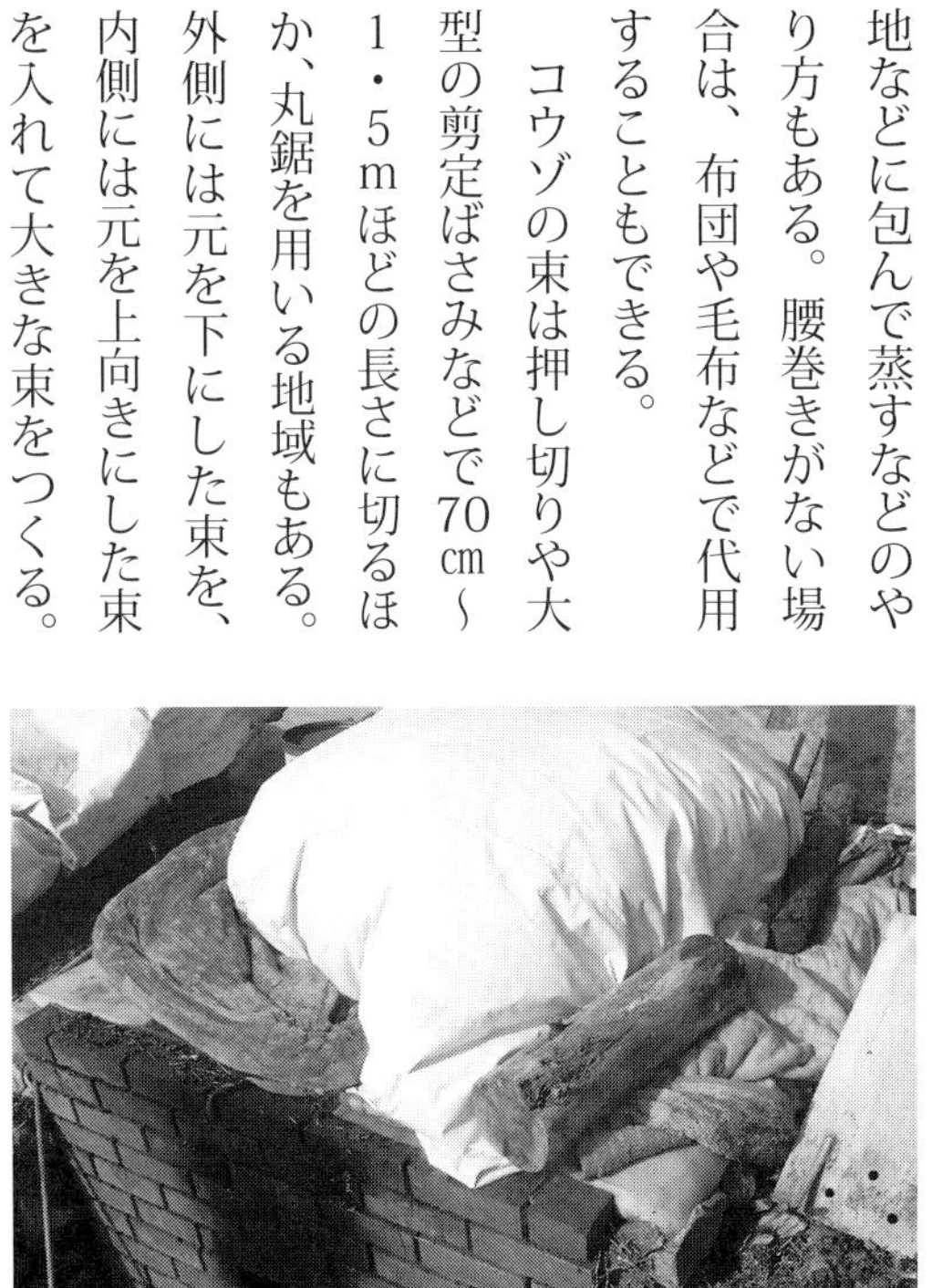
防炎のテント生地でコウゾを蒸す

横置き式の甑と制作者の片岡将廣さん

この大きな束を高知県ではマルケと呼ぶ。マルケは、甑の大きさに合わせて6～15束程度を締め上げてつくる。

かつてはコウゾの生産量が多く、また周辺農家がユイなどの共同労働で蒸し剥ぎ作業を行なっていたため、なるべく多くの枝を一度に蒸して、どんどん剥いでいくことができた。少人数で蒸し剥ぎをやる場合は、束の数を減らさないと、枝が冷めて皮が剥きにくくなるため注意が必要である。

マルケをつくるために、クズを半分に割ってつくった紐で締め上げたり、高温に耐えうるワイヤーやベルトなどを用いることもある。なるべく束をしっかりと締めることで多くのコウゾが一度に蒸せるほか、マルケが倒れたり、解けて蒸し損じになることを防ぐことができる。マルケの上にサツマイモを入れたカゴやザルを置いて一緒に蒸すと、コウゾの良い香りが付きおいしく蒸し上がるため、蒸し剥ぎ作業をやる楽しみにもなった。

押し切り

コウゾを切る丸鋸

釜にマルケを立てて入れ、甑をかぶせて、お湯を沸かして蒸していくが、1回目はまだ釜や甑が温まっていないため蒸し上がるまで3時間ほどかかることがある。甑の大きさや釜戸の形状にもよるが、甑の隙間から水蒸気が出始めてから40分から1時間ほどで蒸し上がる。ゆっくりと蒸すのではなく、薪をどんどん入れて火が釜の底に広がっている状態を保って一気に蒸し上げることが重要である。

高知県では、1回の蒸し作業を1釜と呼び、1日に5～8釜ほど蒸すことが多い。1釜ごとに水を替えるとコウゾに黒い灰汁が付きにくくなるが、蒸し上げるのに時間がかかることになる。靭皮繊維に黒い灰汁が染みつくことをとくに気にしない紙漉き師もいるが、好まれないこともあるため、なるべく灰汁が付かないようにすべきである。

コウゾと一緒に蒸したサツマイモ

釜の上に鉄棒を渡し、そこに竹などでつくった頑丈な簾を敷き、その上にマルケを置くことでコウゾに灰汁が付かないようにする地域もある。その場合は、水が無くなって空炊きにならないよう注意すべきである。茨城県大子町では釜の水の中に大根を数本入れ、水が少なくなると大根が焦げて悪臭を発するため、それで空焚きを防ぐという工夫をしている。横置き型の甑の場合は、釜の上に角木を20本ほど渡してその上にコウゾの束を積んでいく。

コウゾの蒸し作業には多くの薪が必要であり、釜戸の大きさなどにもよるが1釜目は15㎝角で長さ30㎝ほどの薪を30～50本使う。2釜目は20～25本が必要である。この薪をつくり、乾燥させて準備をすることも重要な仕事の一つである。

麻袋を掛けてコウゾが冷めるのを防ぐ

三隅町では、薪ではなくボイラーからのスチームで蒸しているが、束を入れすぎると上手く蒸せないこともあるとのことである。蒸すのに失敗すると、皮そのものが剥きにくいのみでなく、靭皮繊維の多くが枝の芯部分に残ってしまうことになる。

蒸し上がった際には、甑を上げて固定し、すぐにバケツで水を5～10杯ほどマルケに掛けて冷ます。この際に多くの水蒸気が発生し、その熱でやけどをすることが多いため、注意すべきである。急速に冷ますことで、コウゾの皮が縮まり、芯との間に隙間ができる。また、ヌメリも取れて皮が剥きやすくなる。マルケの束を解いて、枝の元を大きな木槌で叩いて皮をほぐして剥きやすくする地域もある。束にした枝はすぐに冷えて剥きにくくなるため、布団や麻袋などをかぶせて保温することが重要である。

枝の元を握って、皮を時計回りにひねり、皮が少し剥がれたら、片手で皮を握り、もう片方の手で枝の元にむき出しになった芯を握って、皮を剥き下ろしていく。その際に、高知県では握った皮を枝の先端側に向かって剥き下ろす。その際には皮がなるべく平らに剥けるようにし、筒状にならないようにする。大子町では、右手で握った皮を剥き下ろすのではなく、左手に握った枝の芯の部分を傾けて皮から外していく。一度に4、

高知式の皮の剥き方

5本の枝を持って皮を剥いていく熟練者もいる。三隅町では、枝の半ばまで剥いた皮を一人がまとめて握り、もう一人が枝元を持って引っ張り合い、皮が裏返しになるように剥いでいく。

皮が筒状にすっぽ抜けると内側部分が乾燥しにくくなるため避けるべきであるが、三隅町では表皮を削る際に筒状になった部分も削り開くため、剥いだ皮の多くが筒状になっている。

剥いだ皮は、大きさやヤケの有無などによって分けて束にし、10本前後をまとめて元に近い部分を縛り、日当たりと風通しの良い場所に掛けて乾燥させる。しっかりと乾燥したら、今度は先端に近いところを縛って束にして再乾燥させる。天候にもよるが、2日ないし3日で乾燥させることができる。雨などが続くとコウゾにカビが生えることがあり、商品価値が落ちるため、コウゾを蒸す際には少なくとも4日以上は好天が続く時期を選ぶべきである。

コウゾを縛る際には、他のコウゾの皮を使って縛ったり、編み込んで干す農家がいるほか、麻糸や不織布など通気性の良いもので縛る農家もある。

黒皮で出荷する場合は、乾燥した皮を束ねて、元と先端部分、中央部分など3、4カ所を縛って、15kgの束にして出荷する。

白皮にする場合は、黒皮を水に晒して柔らかくしたあとで、表皮を削り取る。この作業を高知県ではヘグリ、大子町ではヒヨヒトリ、三隅町ではソゾリ、岐阜県ではタクリ、福島県二本松市ではカズヒキと呼ぶ。

板やゴム、ワラでつくった表皮取り台、草鞋の裏などの上に黒皮を置き、元から5cmほどのところにやや斜めに刃をあてて、少しコウゾを引っ張ると、表皮がめくれあがり、それをつかんで皮をめくり取っていく。和紙の種類によっては、表皮の下にある薄緑色の甘皮を取りすぎないほうが、硬くて強度のある紙になるとされており、力の加減が必要である。皮がうまくめくり取れない場合は、刃をあてたまま何度も皮の元を掴んで引っ張り、少しずつ表皮を取っていく。細かい傷などは刃で削り取るか、はさみなどで切り取る。白皮にしていく作業は、梅雨に入るとカビが生じやすいため5月までには終わらせておくほうがよい。

●病虫害対策

コウゾは非常に生長が旺盛な植物であり、多少の病気や虫害があっても大きな被害につながることは少ない。しかしながら最も注意すべきものとして、前述したフクラスズメの幼虫による食害が挙げられる。

除草の際にフクラスズメの食草となるカラムシをなくすことが重要であるが、周囲の畑などからフクラスズメが移動してくることも多い。その場合は、手や網などで捕殺するか、スミチオン系の殺虫剤を使って駆除せざるを得ない。

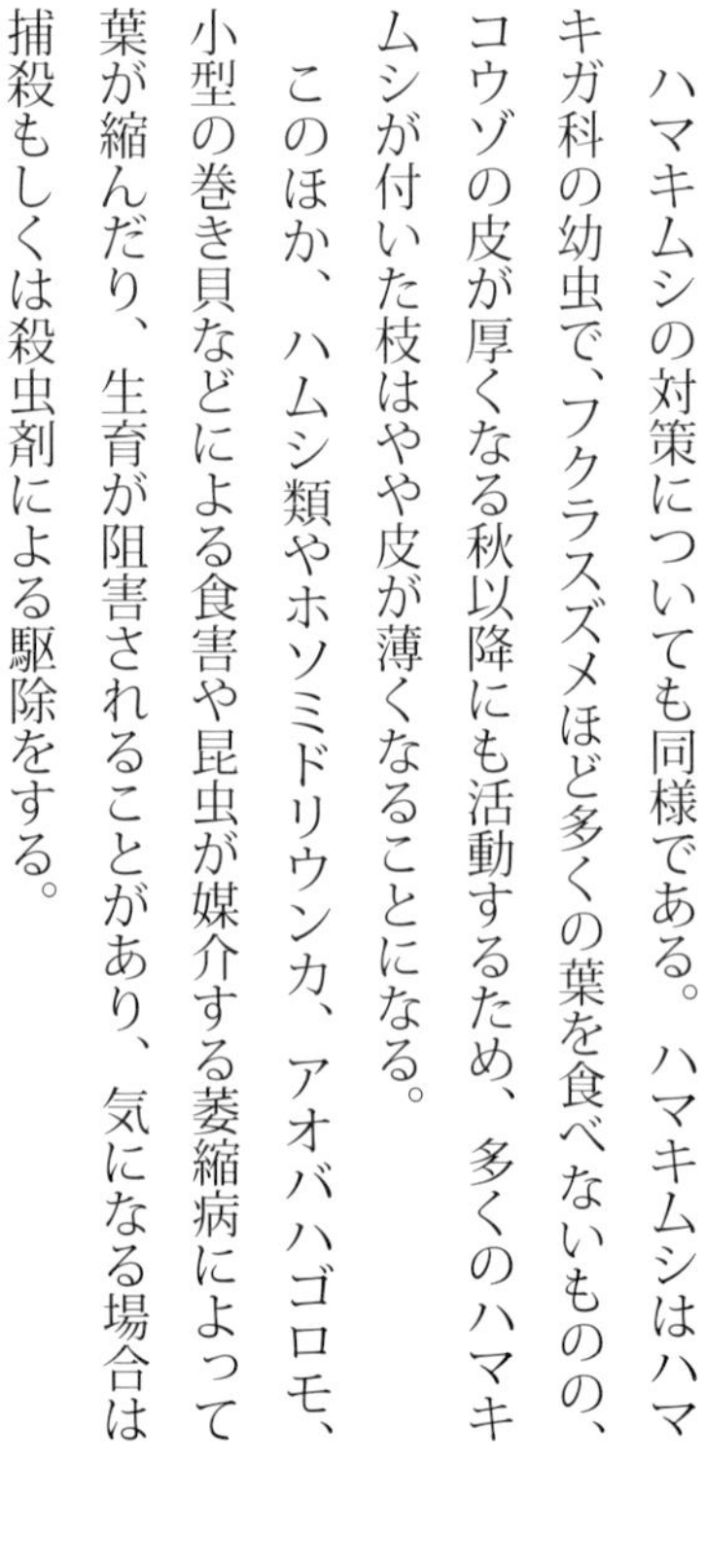

ハマキムシの対策についても同様である。ハマキムシはハマキガ科の幼虫で、フクラスズメほど多くの葉を食べないものの、コウゾの皮が厚くなる秋以降にも活動するため、多くのハマキムシが付いた枝はやや皮が薄くなることになる。

このほか、ハムシ類やホソミドリウンカ、アオバハゴロモ、小型の巻き貝などによる食害や昆虫が媒介する萎縮病によって葉が縮んだり、生育が阻害されることがあり、気になる場合は捕殺もしくは殺虫剤による駆除をする。

また、黒皮の商品価値を下げ、株などの生育を妨げるものとしてはカミキリムシによる食害もある。成虫はコウゾの枝を囓り、皮に大きな傷を付けるほか、幼虫は株や枝の中で成長し、

網で捕まえたフクラスズメの幼虫

ハマキムシ

アオバハゴロモ

ハムシの一種

小型の巻き貝による食害

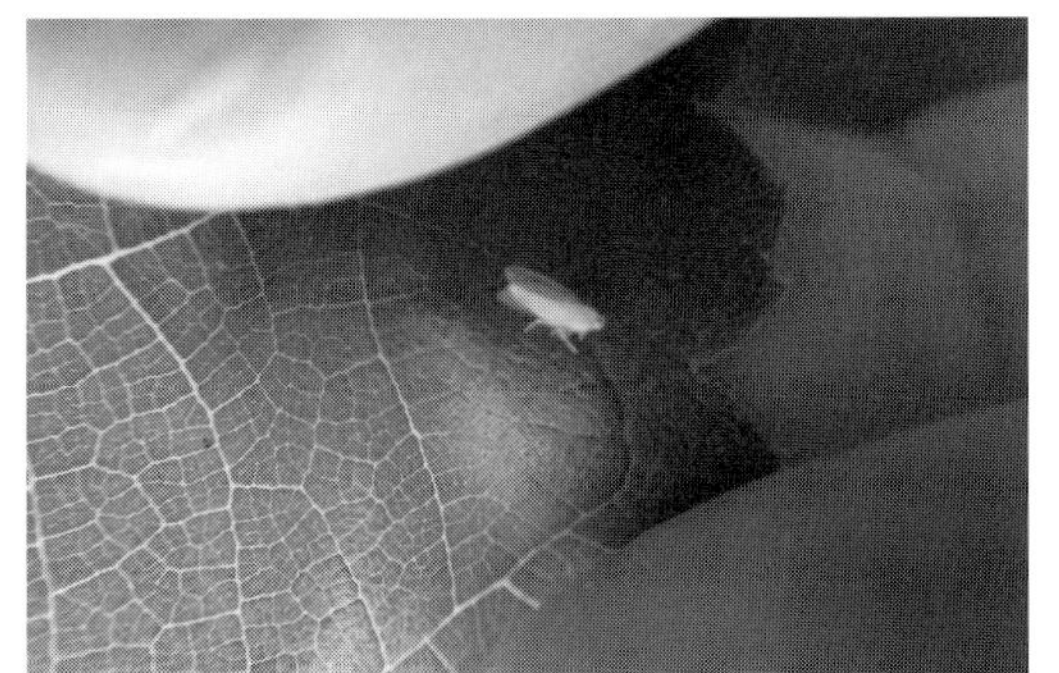

ホソミドリウンカ

その排泄物が赤く皮に滲むため、いずれも皮の商品価値を下げることになる。カミキリムシについても捕殺するか、幼虫については株から木くずなどが出ている場合はそこに針金を入れたり、殺虫剤を噴射することで駆除する。

近年は、イノシシやシカ、サルなどによるコウゾの新芽や葉の食害も増加しており、地域によっては収量が5割から9割も減った事例もある。コウゾ畑を餌場と認識した動物は、離れることなく通い続けることが多いため、駆除するか、柵などで防御することが必要である。

カミキリムシの幼虫による食害

カミキリムシ成虫による食害

コウゾの病気として最も注意すべきなのは、茎や根に発生し、斑点と葉のしおれなどが生じる菌核病であり、病気が進むと枝が根元から落ちたり、根が腐って株が枯死することがある。

このほか根や地際の茎などに白い菌糸が発生し株を枯らす白紋羽病や白絹病などがあるが、決定的な防除方法は確立されていない。そのため、なるべく風通しを良くし、枝の剪定などで畑のなかが蒸れて発病しやすい環境にしないことが重要である。このほか石灰の散布による防除や発病した株の焼却なども効果がある。

（田中　求）

夏期のイノシシの食害で折れたまま冬を迎えた枝

病害によって元から折れた枝

ミツマタを栽培する

●従来の焼畑栽培から新たな栽培へ

ミツマタは、繊維が緻密で少し黄みがかった光沢を持ち、現在でも1万円札などの紙幣の原料の一部になっているほか、さまざまな和紙の原料として利用され続けてきた。また、標高の高い山村などでも良好に生育するため、焼畑での栽培、スギやヒノキとの植林と組み合わせた栽培などが行なわれ、地域の生業としても根付いてきた。

高知県吾北村（現・いの町）柳野地区は、昭和40年代末まで焼畑を中心にミツマタ栽培を行なっており、日本でも有数の質と量を誇る和紙原料産地であった。高知県では、ミツマタのことをヤナギやリンチョウなどと呼ぶことがあり、柳野という地区名はミツマタの多い地域であったことが語源であるとも伝えられている。

筆者は、柳野地区で家と畑を借り、近隣農家の和紙原料栽培などを手伝いつつ、焼畑による栽培方法のみでない、新たな栽培や原料の活用方法を模索してきた。現在では、かつての焼畑用地の多くがスギやヒノキの人工林に変わっており、焼畑でのミツマタ栽培の再開は困難であり、新たな栽培法の確立が必要となっている。

1960年代に全国の焼畑が減少するなかで、1967年には大蔵省印刷局から常畑でのミツマタの密植栽培試験の成果が報告され、翌年には密植栽培の手引きが作成された。この栽培手引きを参考に、1995年には徳島県農林水産部林業課がミツマタ栽培の手引きを作成している。

ミツマタ

ミツマタと柳野集落

獣害に遭いやすい山の畑でのミツマタ栽培

また、1950年には、農林省(現・農林水産省)高岡農事改良実験場が製紙原料の栽培方法をまとめているほか、倉田益二郎氏によるコウゾやミツマタなどの栽培方法に関する研究も行なわれてきた。

本章では、筆者および近隣農家など高知県内での栽培方法に、これらの既存の栽培方法に関する情報を加えながら、ミツマタ栽培に関する基本的な技術と、現在の農山村が直面する遊休地の増加や獣害への対策としてのミツマタの活用方法などについて、紹介していくこととする。

●ミツマタ産地と栽培適地

1924(大正13年)の第一次農林省統計表によれば、大正期のミツマタの最大の産地は高知県であり、生産量は5916tと全国の生産量の3割を占めていた。高知県以外で当時生産量が1000tを超えていたのは愛媛・島根・徳島県のみである(表2)。

表2　大正13年の県別ミツマタ生産量

	栽培面積(ha)	生産量(t)	生産量順位
高知県	8,071.6	5,916.0	1
愛媛県	3,267.9	3,098.7	2
島根県	1861.1	2,294.2	3
徳島県	1,027.9	1,247.9	4
岡山県	1,089.3	801.6	5
鳥取県	679.2	745.2	6
山梨県	501.2	474.1	7
山口県	344.6	422.5	8
静岡県	266.2	504.3	9
全国	18,126.0	16,936.9	

出典：農林大臣官房統計課(1926)『大正十三年第一次農林省統計表』農林省

高知県は、面積についても全体の4割を占めており、近年まで全国で最大のミツマタ生産地であった。これは高知県が日本で最も焼畑面積の多い地域であったこととミツマタ栽培に適した山地に囲まれていることがその理由と考えられる。

昭和初期の日本には少なくとも約7万7000haの焼畑があり、最も焼畑面積の多かった高知県の焼畑面積は約2万9000haであった。ミツマタは、連作障害や白絹病などが発生しやすく、苗木を植えてから2年ないし3年後に1回収穫した後は、別の場所に移動して栽培することで、病気の発生を避けることができる。このようなミツマタの特徴は、1年から3年で移動していく焼畑移動耕作との相性が良かったのである。

ミツマタの生育条件として重要なものは、温暖な気候と降水量の多さ、水はけの良さ、適度な風通しと標高の高さの5つである。

ミツマタは寒冷地においても栽培が可能であるものの、春から秋にかけての温暖な気候と降水量の多さが適地の重要な条件である。先の倉田氏によれば、東北地方などの寒冷地では温暖な地域よりも収穫期が1～2年遅れるほか、種子も少ないとされている。

また水はけが悪い場所での栽培は、根の腐敗や生育阻害、発病により株そのものが枯れることもあり、石がゴロゴロと含まれるような土壌の傾斜地での栽培がよい。水はけの良い山地の急斜面などでもミツマタの生育は良好である。

風通しの良さについては、枝分かれしながら縦横に枝を広げていくミツマタの株間で空気がこもり、湿度が高くなることによる病気の発生を避けるためにも、適度に風が吹く場所がよい。ただし、枝を広げたミツマタが台風などで枝が折れたり、株ごと倒れることがあるため、強風が吹き込みにくい場所であることも重要である。

ミツマタの原産地の一つが東ヒマラヤなどの山岳地であることからもわかるように、ミツマタは標高の高い場所でも生育可能である。温暖な平地などでの栽培よりも、標高が高い山地の水はけの良い傾斜地のほうが、ミツマタの生育は優良である。

日当たりの悪い沢沿いのミツマタ

またコウゾとの大きな違いは、必ずしも日当たりが良い場所が適地であるわけではないことである。とくに稚樹の時期は直射日光を嫌い、大きな株についても半日陰で生育が良いという特徴がある。日当たりの悪い沢沿いの岩場などでもミツマタが生育しているのを見ることは多い。そのため栽培に適した場所は、南面の斜面よりもむしろ北斜面である。

高知県における優良なミツマタ産地の気候は、平均年間降水量２９００㎜、平均年間降水日数１３０日、北もしくは北東か北西面の斜面の直射日光が遮られる場所であり、標高は２００～１０００m、傾斜度は15～45度である(旧農林省高岡農事改良実験場による)。

ミツマタの品種名は、赤木、青木、雌木、雄木、小葉、大葉、実子、掻股、駿河ミツマタ、下りヤナギ、地ヤナギ、カギナエ、鳥取在来種、ソブミツマタなど多様な名称がある。これらの名称は同一種を指していることもあるため、倉田氏は静岡種・中間種・高知種の３つに分類し、それぞれの特徴をまとめている。次項では、倉田氏による分類を基に、これらの品種の特徴を説明する。

●ミツマタの品種とその特徴

【静岡種】

静岡種は、赤木、雌木、小葉、小葉ヤナギ、実子、駿河ミツマタ、下りヤナギとも呼ばれる。富士山麓周辺の地域で栽培されていた品種であり、山梨県では18世紀前半に栽培が広がり、１８６３(文久2)年には長野県を経て福井県に移入されたほか、１８７９(明治12)年から１８８２年にかけて高知県内にも移入された。１８８８年には高知県が和紙原料としての利用を

花の多い静岡種

静岡種

種子の多い静岡種

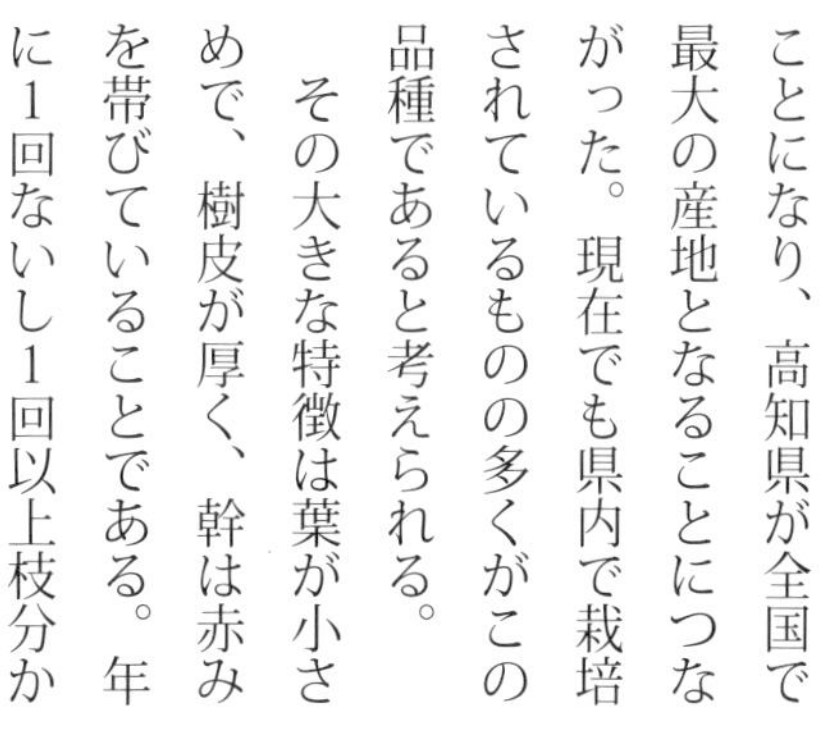
奨励し、静岡から種子を取り寄せて県内で広く栽培されることになり、高知県が全国で最大の産地となることにつながった。現在でも県内で栽培されているものの多くがこの品種であると考えられる。

その大きな特徴は葉が小さめで、樹皮が厚く、幹は赤みを帯びていることである。年に1回ないし1回以上枝分かれし、枝を横に広げるため樹下の雑草を抑える効果が強い。耐病性も3種のうちで最も強い。

開花・開葉時期は、高知種より遅いものの、着花および結実数ともに多く、種子の発芽率も高い。幹からの萌芽が多く、根萌芽がないため、苗木には種子からの発芽を利用する。

また、樹皮は厚いものの節間は短い。繊維は優良であるが分枝が多いため、白皮にした場合の歩留まりは高知種に比べるとやや低い。

【中間種】

中間種には、青木、雄木、大葉、大葉ヤナギ、地子、鳥取在来種と呼ばれるものが含まれる。18世紀末に富士山麓周辺から

静岡種の幹萌芽

中間種と見られる岡山県のミツマタ

鳥取や岡山、島根、山口県などに移入され、福井県や九州にも広がった。

その特徴は、葉が大きめで、樹皮は薄く、幹はやや青みを帯びていることである。年1回枝分かれし、枝の伸びも早いが、着花および結実数ともに静岡種よりも少ない。静岡種よりも枝を横に広げないため、耐雪性が強い。

節間は長く、静岡種よりも白皮にした場合の歩留まりはやや良い。また繊維の質も優良とされる。発芽率は高知種よりもやや良い。

【高知種】

高知種は、大葉、掻股、地子、地ヤナギ、掻苗、高知在来種などと呼ばれる品種である。

特徴としては葉が大きく、幹も青みが強いことが挙げられる。枝の上への伸びが早く、枝下は静岡種の2倍、120㎝以上になるが、枝分かれは2年に1回程度と少ない。そのため、雑草などを抑制する効果は薄い。節間が長いため、皮を剥ぐのが容易であり、白皮にした場合の歩留まりも良く、繊維の質も優良である。

高知種とみられるミツマタ

苗木として利用できる根萌芽は多いが、着果および結実数が少ない。また発芽率が低いほか、紫紋羽病などが発生しやすい品種でもある。

高知県では、種子による増殖が容易な静岡種が導入されたことで、現在では高知種の栽培は稀である。

【その他】

上記の品種のほか、愛媛県で白木と呼ばれ、幹がやや白みを帯び、枝および花が少ないが挿し木の活着が良い系統、青木と呼ばれ、樹皮が白みを帯びず、花数がやや多いが挿し木の活着が悪い系統がある。

●ミツマタの栽培方法

◇農事暦

ミツマタ栽培に関する作業は、焼畑を中心に移動を繰り返しながら行なう場合と、同一箇所の常畑で行なう場合とに分かれ、それぞれ栽培方法が大きく異なる。また、播種後の年数が進むにつれて、鍬打ちや除草などの管理作業は少なくなる。ここでは焼畑ではなく、常畑での栽培を中心に説明することとする。

【1年目(育苗)】

1〜3月：苗床の鍬打ちと施肥

4〜5月：播種、除草、敷草入れ、ハムシなどの防除
6〜11月：除草、敷草入れ、追肥、旱魃時に水まき、白絹病等に消石灰、ハムシなどの防除
12月：ほぼ作業なし

【2年目（移植後）】
1〜2月：苗の掘り取り、移植場所の鍬打ち、施肥
3〜4月：苗の移植、軽く鍬打ち、除草、敷草入れ、ハムシなどの防除
5〜11月：除草、敷草入れ、追肥、旱魃時に水まき、白絹病等の消石灰、ハムシなどの防除
12月：ほぼ作業なし

【3年目】
1〜2月：ほぼ作業なし
3〜4月：生育状況に応じて施肥、軽く鍬打ち、蔓（つる）性植物などの除草
5〜11月：蔓性植物などの除草、病気などが出た株の引き抜き、ハムシなどの防除、薪の準備
12月：大きくなった枝の収穫、蒸し剥ぎと加工

【4年目】
1〜3月：大きくなった枝の収穫、蒸し剥ぎと加工、浅く鍬打ち
4〜11月：蔓性植物などの除草、病気などが出た株の引き抜き、ハムシなどの防除、薪の準備
12月：大きくなった枝の収穫、蒸し剥ぎと加工

4年目以降は、4年目と同内容の作業を8〜9年目頃まで繰り返し、畑に広く白絹病等が発生したり、生育が悪くなった場合は、別の場所に畑を移動する。病気の発生があった畑については、基本的には再度の利用を避けるべきである。

●採種と貯蔵

ミツマタのうち、とくに静岡種については種子による苗木の生産が容易である。3年目になれば、複数の花が付くため採種が可能であるが、1回以上枝を切って収穫したことのある4〜

落果間近のミツマタ

収穫したミツマタの実

8年目の育ちの良い母樹から採種するのがよい。生育の悪い母樹から採った種子は、発芽率が低かったり、生育が遅れることがある。

採種は高知県では5月末から6月半ばにかけて、落果する直前の完熟した果実を手で摘み取って行なう。この時期の果実は、「クシャミをしただけでパラッと落ちる」と言われるほど落下しやすいため、なるべく枝を揺らさずに摘み取ることが重要である。紐の付いたカゴを前に掛けて、左手で枝を引き寄せ、右手を実の下に置いて指で果実を掴んで手のひらに受けてカゴに入れるとよい。そのほか母樹の周囲にビニールシートなどを敷いておくと誤って果実を落としても採集しやすい。

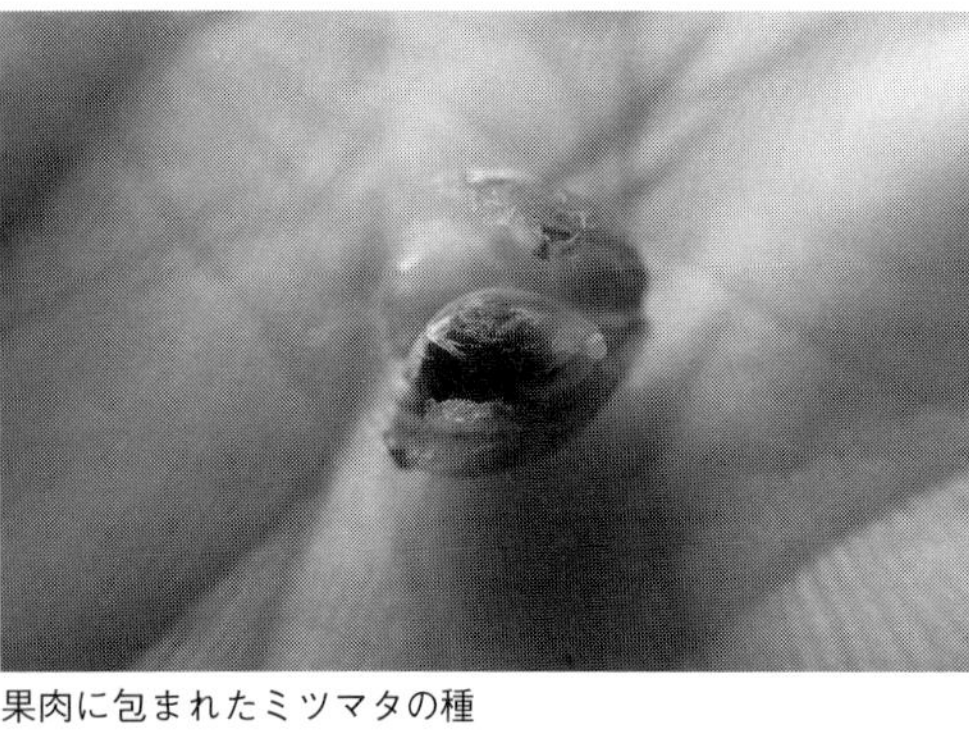
果肉に包まれたミツマタの種

網に入れて3年間保存していたミツマタの種

果実は直径7㎜ほどの卵形であり、緑色の果肉の中に4㎜前後の水滴形で黒色の種子が1つ入っている。早く採種すると種子は一部のみ黒いことがある。種子は乾燥すると発芽率が極めて悪くなるほか、空気に触れていると発芽してしまうため、温度と湿度の変化の少ない場所に埋めて貯蔵する。複数年の貯蔵が可能であるが、5年以上経った種子は発芽率がやや落ちる。

貯蔵する場合は、果実のまま土間など雨水の入り込まない場所に50㎝前後の穴を掘り果実の倍量の砂と一緒に埋める。もしくは果実を土間などに置いてその上に筵を掛けて水を掛けながら発酵させて、温度が上がりすぎないように適宜水を掛けてかき混ぜながら、2週間ほど置く。果肉の発酵が終わったら、水で洗って果肉を取り除き、種子のみをシュロの皮や網袋などに包んで穴に埋めて貯蔵する。埋めた袋にビニール紐などを付けておいて地上に出しておくと目印になってよい。量が少ない場合は、発酵させずに果肉を手で取って種子のみをシュロや網袋に包んで貯蔵することもできる。

●苗木の育成

ミツマタの場合、苗木を増やす方法として、株分けや挿し木などの方法もあるが、種子による繁殖が容易かつ多くの苗木をつくることができる。ここでは種子による苗木の育成方法について説明する。

水選したミツマタの種

発芽したミツマタ

播種は3月下旬から4月下旬にかけて行なう。遅い播種は、地温上昇での枯死や雑草に負けることがある。貯蔵していた種子を掘り出し、軽く水洗いして果肉などを落とした後で、水選して浮かんできたものは発芽しないことが多いため除く。ミツマタは播種後、発芽までに3週間前後かかるが、発芽前に種子を水に一昼夜浸けておくと、やや発芽を早くすることができる。

苗畑は水はけと風通しの良い場所で、直射日光があまり当たらない半日陰がよい。もしくは、ムギやソバ、ダイズ、アワ、ヒエなどの畝間に播種して直射日光を避ける方法もある。畝間に播種することで、ハトなどによる食害に遭いにくくなる。

焼畑でミツマタが栽培されていた頃には、火入れ後にムギやアワ、ヒエなどの雑穀を栽培した後にミツマタを植える地域もあった。さらに昭和30年代から40年代にかけては、ミツマタにスギやヒノキを混植して、ミツマタの収穫後には人工林にしていくという方法が行なわれていた。

麦の畝間で育つミツマタ

平畦もしくは畝間に10㎝前後の深さに軽く耕して筋播きする。水はけの悪い水田を苗畑に利用する場合は、よく耕して畝幅1m、高さ30㎝前後の苗床をつくって筋播きする。

肥沃すぎる土壌は病気が発生しやすいため、苗畑にするのは避けたほうがよい。痩せ地である場合は完熟堆肥に米ぬかや鶏糞などを混ぜたものを反当5kg、消石灰を１００kg施肥し、その上に土を薄く掛けたところに播種する。

発芽後も、ハトやキジが双葉を食べることがあるため、モミガラや干しワラなどで覆うことも食害を避けるために有効である。防鳥テープを張ってもよい。モミガラやワラを敷き詰めることで、苗畑の乾燥や地温の上昇が抑えられ、苗木の枯死や発病も避けることができる。

防鳥テープを張った苗畑

ムギの間で5㎝ほどに育ったミツマタ

発芽後1カ月あまりで6㎝ほどに伸びるが、ネキリムシやハムシなどに嚙（かじ）られたり、育ちの悪い苗木については手で引き抜いて除く。おおよそ30㎝につき15本前後が残るように間引くとよい。

●苗木の植え付け

苗木の掘り取りは、定植する1カ月ほど前に行なう。地域により時期がずれることがあるものの、おおよそ2月下旬から3月下旬にかけて芽が伸び始める頃に掘り取る。その際には、細かい根が切れないように、苗木の片側の土をまず深く掘り取って、その次に逆側から鍬を入れて土と一緒に掘り起こす。掘り取った苗木は、30～50本ほどをまとめて束にして、半日陰の畑に苗木の3分の1程度の深さで斜めに仮植えしておく。

苗木

苗木として優良なのは、長さ30㎝以上で、根元の直径が5㎜以上、細根がたくさん残っていて病虫害などのないものである。密植した苗畑から間引いた10㎝前後の苗木であっても、細根が多ければ良好に生育することが多い。

苗木の植え付け場所は、直射日光を受けにくい、水はけの良い北もしくは北東面の傾斜地がよい。白絹病や紫紋羽病などが発生したことのある畑や、ミツマタやコンニャクなどを栽培したことのある畑に、年数をおかずにミツマタの苗木を植えると病害が発生することが多い。白絹病等の発生は、酸性土壌の畑に多いため、病害を避けるために苗木の植え付け時に消石灰を土に混ぜるとよい。また、苗木の乾燥による枯死や発病を避けるために、干しワラなどで敷き詰めることも重要である。その際には生のワラを敷くと、カビなどが発生することがあるため、充分に乾燥した干しワラを用いたほうがよい。

苗木の植え付け本数は反当３０００～1万本まで幅がある。大・小1本ずつの苗木を2本植えしておくと、とくに大きめの苗木は枝を上に伸ばしていくため、枝下が長くなり、収量も多くなる。また、先に大きくなった苗木を収穫し、その翌年までに枝を伸ばしたもう1本の苗木を収穫することもできる。

斜面に植え付ける際には、やや山側に傾けて植えると大きくなった際に株が倒れにくくなる。また30～50㎝間隔で苗木を密植すると、他の雑草の繁茂を抑えることができるが、横枝が絡まったり、採種がしにくくなることもある。

密植するために、4月に苗畑ではなく普通畑に種子を条播き（条間は50㎝前後）する。次に6月頃に10㎝間隔程度で間引きする。そして翌春に30～50㎝間隔程度になるようにして、残ったものを育てていく。この際に間引いた苗木は他の畑に移植することもできる。この方法についても、直射日光が当たらないようにムギなどを条間に植え付けておくとよい。また苗木の周囲に干しワラなどを敷いておくことも重要である。

2本植えしたミツマタ

ミツマタの条間でのムギ栽培

●除草

ミツマタは分枝を広げることで、株の周辺に日陰をつくり、日光を遮蔽して雑草の繁茂を抑えるため、育苗期以外はコウゾほど除草が必要ではない。4月上旬頃にミツマタの根を傷つけないように浅めに鍬打ちをして雑草の根などを除くほかは、夏に株際の雑草を手で除く程度でよい。

しかしながら、常に気をつけて行なうべきなのは、カラスノエンドウやクズ、ヤブガラシやヘクソカズラなどの蔓性植物である。ミツマタに蔓が巻きつくことで樹皮に傷が付くほか、枝が歪んで育ったり、株が倒れることもある。これらの蔓を見つけた場合

密植したミツマタ

は、小まめに取り除かねばならない。

育苗期については、播種直後にグリホサートなどの除草剤を撒布して雑草を抑えることもできるが、発芽後に手で小まめに除草したり、ワラなどを敷き詰めることで、十分に雑草を抑えることができる。

●枝の育成と収穫

【枝の靭皮繊維】

ミツマタとコウゾとの大きな違いとしては、コウゾが萌芽した1年目の枝を利用することが主であるのに対して、ミツマタは萌芽後の年数にかかわらず太くなった枝を収穫して利用できることが挙げられる。ミツマタの樹皮は複数年を経ても靭皮繊維が木化する度合いが低く、萌芽後8年前後の枝であっても問題なく紙を漉くことができる。ただし、古い枝ほど樹皮に凹凸が生じるため、表皮を削り取る作業がしにくくなることがある。また、古い枝はやや繊維が弱いという農家もある。

収穫期を迎えたミツマタと筒井英男さん

ミツマタは、12～4月にかけて蕾または花を形成するが、この期間が収穫適期である。ミツマタの枝は、5月から6月にかけて果実を形成しつつ、11月頃までに分枝を形成し、節間を伸ばしていく。

ミツマタはコウゾに比較して生長が遅く、1年で数十㎝から1m程度のみ枝を伸ばし、また大きくなっても樹高3mほどで伸びをほぼ止める。その後も分枝を横に広げていくが、枝が横に広がりすぎると甑などで蒸す際に嵩張ることになる。株から萌芽した枝が、収穫できるほど大きくなるまでには3年ほどかかる。

ミツマタの枝は、芽かきなどは行なわないが、何らかの病気で枯れ始めた枝などは切ったり、株ごと引き抜くことがある。また静岡種の場合、幹の地際から萌芽してくるため、1株から数十本もの枝が生じるが、萌芽数が多すぎると株が弱るため、1株に6～7本のみを残して剪定することもある。

【枝を伸ばすための施肥】

ミツマタは、特別な施肥を行なわなくても、適切な地形・気候条件であれば充分に生育する。枝を伸ばすための施肥というよりもむしろ、敷草を入れて干ばつに弱い苗木の育成を助けたり、雑草の繁茂を抑えることが重要である。除草した草などを畝間に敷くことで、雑草を抑えるとともに、肥料の代わりにすることもできる。

ただし密植栽培時に、より早く大きな枝を育てる必要がある場合は、窒素・リン酸・カリウムの入った林地肥料などを反当20～30kg施肥する。また、白絹病や紫紋羽病等の予防とよりよい生育を促すためには、反当20～40kg程度の石灰や木灰を入れるとよい。このほか、ミツマタの枝を加工する際に生じる表皮や花蕾なども良い肥料になる。

さらには、庇陰樹および肥料木との混植も行なわれてきた歴史があり、ハンノキやネムノキなどを反当60～100本、ミツマタ畑に混植して、ミツマタの生育を促すこともできる。

●収穫

ミツマタは、連作すると白絹病などが発生しやすくなるため、いかに病気の影響を受けずに栽培を続けていくかが重要である。そのうえで、焼畑によるミツマタ栽培は、1～3年ごとに休閑林などを伐開し、火を入れて畑にしており、連作による発病を避けることができる理に適った栽培法であった。

現在は常畑でのミツマタ栽培が主であるほか、山に自生するミツマタを収穫して利用することもある。常畑で栽培しているミツマタの収穫方法は、大きく分けると2つある。一つは、3年ごとにすべての枝を株から切り取って収穫する全切り法であり、もう一つに、大きくなった枝のみを選んで毎年収穫していく抜き切り法がある。

ミツマタの収穫は、落葉した11月下旬から3月末頃までに行なう。収穫時期が早すぎると切り口が腐ることがあり、逆に遅れると萌芽や株の生育が悪くなる。地域にもよるが、最もよいのは落葉後から1月上旬頃までに収穫したもので、皮の歩留まりも良く、萌芽も順調に進む。雪の多い地域では、冬の収穫や乾燥作業が難しく、萌芽にも悪影響があるため、2月中旬から4月末頃までの開花期に春刈(はるがり)を行なう。

全切り法については、枝の多くが長さ0・8～1m、直径1・5～2cm以上になった株について、すべての枝を切って収穫する。移植後の初めての収穫は、初切(ういぎり)と呼ばれる。収穫後に転作する場合は、少し土中に埋まっている部分から、鋭利な鍬や大型の剪定ばさみなどで枝を切ることで、萌芽を抑え、根を腐らせることができ、転作が容易になる。全切り法後もミツマタの栽培を続ける場合は、株間を50cm間隔程度にして、収穫時には土際より少し上で切るようにする。

初切後にも5本前後萌芽し、3年ほどおけばまた全切りすることができる。全切り

鎌でのミツマタの収穫

法により2回、発病などがなければ3回程度は栽培と収穫を繰り返すこともできる。しかしながら、全切りすると株が傷ついたり、皮がやや硬くて剥皮しにくかったり、樹勢が衰えることがあるため、長期的な栽培を考える場合は抜き切り法がよい。

抜き切り法では、定植後2年目の秋以降、枝の長さ0・8〜1m、直径1・5〜2cm以上になった枝を選んで収穫する。その際は、株に残す小さな枝が6〜7本未満になるようにする。その後も毎年、大きくなった枝のみを収穫していく。ただし、毎年収穫すると皮が軟弱になることがあり、皮が剥がしにくかったり、紙漉き師に好まれないため、販売先と情報共有しながら隔年または3年に1度抜き切りする。

細い枝をよけて抜き切りする

枝が密集している場合は、まだ収穫しない細い枝を軽く足で踏み、よく研いだ鎌で他の枝や株に傷が付かないようにしながら、太い枝のみを選んで枝をたわめた場所に刃を当てて切り取っていく。鎌ではなく大型の剪定ばさみを用いてもよい。
高知県では、コウゾと同様にミツマタについても「ウラ（枝先）の1尺より元（株元）の1寸」と言われ、株元に近いところに多くの靭皮繊維が含まれるため、なるべく地際の土や石を取り除いて、下から切ることが重要である。ただし、その際に切り口が土で覆われると、寒害にあったり、腐ったりして株が痛み、萌芽本数が減ることがあるため、なるべく切り口に土が掛からないようにする。切り口はできるだけ南向きにして早く乾燥するようにし、切り口の面積を小さくするためにやや斜めにする程度で切るとよい。斜め45度に切った反対側から切り返しをしておく地域もある。

地際でやや斜めに切ったミツマタ

倉田氏によれば、1940年代までの各県でのおもな収穫時期・方法・反当収量は次のようなものであった。
高知県：苗木の定植後、2年目の秋から3年目の春までに初切し、その秋以降は、毎年各株の生育良好な枝のみを抜き切りするか、隔年で全切りする。白皮換算での反当収量は3年目以降、毎年収穫した場合で、各年7〜20貫であり、定植後15年目までに13回収穫し、合計での反当収量は190貫である。

島根県：定植後、3年目に全切りし、5年目から隔年で抜き切りする。反当収量は3年目以降、隔年もしくは3年に1度収穫した場合で、各年15～30貫であり、定植後12年目までに収穫を5回し、合計での反当収量は130貫である。

岡山県：定植後、3年目に全切りし、6年目からは毎年抜き切りする。反当収量は3年目以降、11年目まで毎年収穫した場合で、各年15～40貫であり、合計での反当収量は240貫である。

静岡県：スギの苗木と一緒にミツマタを植え付ける場合は、定植後3年目から9年目までに3回全切りし、9年目に栽培を終わる。反当収量は3年目以降、9年目まで3回収穫し、各年30～50貫であり、合計での反当収量は115貫である。

福井県：定植後、3年目もしくは4年目に初切し、その後は生育状況に応じて毎年または隔年で抜き切り、または3年ごとに全切りをする。反当収量は不明である。

また、ミツマタの市場価格を見ながら、価格が上がるまで収穫を控えたり、抜き切りしながら畑を維持していくという方法もある。かつて、ミツマタは価格の変動が激しく、投機的な商品にもされ、明治から大正にかけて価格が暴騰した時期もあった。高知県内にはこの時期にミツマタの栽培や仲買などで大金を得て、それを元手に山を500町歩購入したり、鉱山開発を試みる農家もあった。現在では、1万円札などに用いられるミツマタについては、独立行政法人国立印刷局が白皮を10貫10万円前後を基準値として購入しており、農家から紙漉き師などに販売されている金額も同程度である。近年は、価格の乱高下はないが、今後、ミツマタに希少価値が生まれ、価格が変動するようなことがある場合は、販売計画を見直して収穫期や方法を決めるべきであろう。

●蒸し剥ぎなど加工方法

収穫した枝は、20～30本ほどをまとめて、細めの枝や丈夫な紐などで、枝分かれした部分を縛って束にして運搬する。甑に入れて蒸す前には、切り口に近い元のところも縛っておく。大きな枝は半分に割いて蒸すこともある。

収穫した枝は、生木または、木素、ミツマタ木、生茎、アラキ、原木などと呼ばれる。それを蒸して皮剥したものが生皮または、ボテ、ボテ皮、黒皮、含水皮、これを乾燥させたものが黒皮、粗皮、荒皮、

ミツマタを束ねる

ミツマタのシロを持つ筒井英男さんと八重子さん

クロソ、黒皮乾燥皮、表皮と甘皮を取り除いたものはシロまたは白皮と呼ばれる。

白皮は、ジケ皮と晒し皮の2つに分かれる。ジケ皮とは、白皮の水洗いや乾燥の際に、日光による白色化を避けてミツマタ独特の黄みがかった色合いを残すようにしたもので、ジケには地気・地下・渥汁・灰汁などの漢字が当てられる。晒し皮は、白皮を水に浸して不純物を除いたり、日光漂白した白皮のことである。

ジケ皮はなるべく日光を避けられる場所で生皮を1～4時間、粗皮を10～12時間程度、水に浸してから、表皮と甘皮を削り取ったものである。晒し皮は、粗皮であれば1夜、生皮は5～6時間水に浸けておき、表皮や甘皮を削り取った後、日当たりの良い清流の浅瀬などに漬けて、不純物や色素を除いたものである。清流に漬けておく時間に応じて、色素の残り具合が異なり、10～24時間漬けておくと白みが増した白皮になる。雪の多い地域では、雪の上に数時間放置して日光に晒す、雪晒しと呼ばれる方法も行なわれている。

ミツマタはコウゾと同様に大型の甑で蒸すほか、分枝部分が嵩張りやすいため、蓋の付いた組み立て式の箱型桶なども用いられている。また、甑や桶などがない場合でも、形状を自由に変えられる防炎ビニールなどに包んで蒸すこともできる。

開閉式の箱型甑

ミツマタは乾燥すると皮が剥きにくくなるため、収穫後はなるべく早く蒸すのがよい。1週間程度であれば日陰などに切り口を下にして立てておいたり貯水槽などに浸けておくことで乾燥を防ぐことができる。

蒸し上がりまでの時間は、1時間半から3時間ほどである。しかしながら、コウゾに比較してミツマタの蒸し上がりの見極めは難しく、蒸しすぎると皮が柔らかくなり、表皮を削る際に繊維がちぎれてしまい、加工が困難になる。蒸し上がりの合図は、棒で叩いてミツマタの花蕾が容易に落ちたり、一部の枝を引き出して少し皮を剥ぎ、手で押しつぶした際に繊維が網目状になるかどうかで判断できる。

蒸していると甘い香りがするコウゾと違い、ミツマタは目が痛くなるような刺激臭がある。次の束を蒸す前に、釜の中に残った花などをすくい取り、湯を入れ替える。収穫後、日数が経ち皮剥が難しい束については、蒸している途中で水を充分注いで、再び強く蒸すと剥ぎやすくなる。

蒸し上がった束は、1本ずつ枝の切り口部分を握り、片手で皮をひねって少し芯から皮を外した後で、もう一つの手で芯を握って皮から引きはがしていく。まずは分枝部分あたりまで剥いでおき、それを10本ほど切り口側で束ねる。それを杭などに引っかけるか、もう1人に持たせておいて、芯を握って引っ張り、まとめて皮を剥ぐ。この皮剥を機械化している地域もある。

皮を剥いだ後には、表皮を削り取って白皮にしていく作業を行なう。黒皮をしっかりと乾燥させてから半日ほど水に浸けておき、水分を含んで充分に柔らかくなった黒皮をカネバサミと呼ばれる道具の間に挟み、黒皮の切り口側を握って引っ張り、表皮を削っていく。この際に、蒸しすぎていると黒皮がぶつ切りになってしまう。次に皮の前後を変えて、枝先側を握って同じ作業を行ない、何度か同様の作業を繰り返して充分に表皮と甘皮を取り除く。

この白皮を清流や貯水槽などに漬けておいた後で、さらに細かい表皮の残りなどを小さな包丁で削り取り、その後で元側を縛って充分に乾燥させ、束ねて出荷する。

ミツマタの芯は、焚き付けなどに利用されてきたほか、柔軟

ミツマタの皮剥き

ミツマタの皮を束ねる

束ねたミツマタの皮を杭に掛けて一気に剥ぐ

カネバサミでミツマタの表皮を削る筒井英男さん

かつ弾力があるため、かつてはコルクの代用品として使われた。現在では、雑草を抑えるために畑に敷くことがあり、また生け花などの飾り付けに用いられ、販売もされている。

装飾に用いられるミツマタの芯

●病虫害対策

ミツマタは、コウゾがシカやイノシシなどの食害に遭うのに対し、有毒であるため獣害はほとんどない。動物による被害は、鳥やネズミが種を食べることがあるほかは、稀にノウサギが苗木や新芽などを囓る程度である。その一方で、ミツマタには病気が発生して多くの株が枯死することがある。おもな病気としては、立枯病、白絹病、紫紋羽病、根瘤病などがある。

立枯病に罹ったミツマタの枝先

立枯病は細菌が根に入り込んでまず細根が腐敗し、主根も褐色になってやがて腐り、立ち枯れする病気である。おもに春から梅雨の時期に幼木に発生することが多い。枯れた幼木は容易に根を抜くことができる。

白絹病は、施肥が多すぎたり、密植により湿気がこもることで発生する。6月頃から秋にかけて発生し、葉が黄化して萎れ、茎の地際に白色絹糸状の菌糸が出て枯死する。周囲の株にも伝染し、帯状に多くの株が枯死することがあり、最も警戒するべき病気である。

立枯病で腐ったミツマタの根

紫紋羽病は、水はけの悪い場所で発生することが多く、茎や根に紫褐色の菌糸を形成し、やがて白い粉を出して灰白色になり、枯死する病気である。

根瘤病は、根に線虫が入り、こぶを形成して生育を阻害する。線虫は、トロロアオイやコンニャクのほか、キャベツやカブなどのアブラナ科の作物に発生することがあるため、ミツマタを栽培する場合は、これらの作物と一緒に栽培することは避けたほうがよい。

いずれの病気についても完全に防除や消毒をすることが難しく、発生した場所でのミツマタ栽培は放棄したほうがよい。地温が下がるようにワラなどを敷いたり、播種や苗木の移植前に消石灰を撒布することで、ある程度発生を抑えることができるが、以前にこれらの病気が発生したことがある場所での栽培はするべきではない。広範囲に発病した株が出た場合は、その栽培地を休ませて新たな場所で栽培をすることも考えたほうがよい。

おもな虫害としては、ハムシやネキリムシ、ヨトウムシによる食害があるが、白絹病等の病害ほど深刻ではない。

ハムシはミツマタの葉や新芽を食べるため、生育が遅れることになる。また大量発生することもあり、小さな苗木などが葉を食べ尽くされて枯れることがある。とくにクワノミハムシは柑橘類にも大量発生し、それがミツマタなどに移動して食害を起こすため、柑橘類と近接した畑でのミツマタ栽培は避けたほうがよい。

ハムシによる食害に遭うミツマタの葉

ネキリムシはカブラヤガなどの幼虫であり、

ヨトウムシ

粘着テープで捕獲したハムシ

ヨトウムシはハスモンヨトウなどの幼虫で、葉を食べるほか、茎と根の間を囓ることもある。このほか、ダニやカメムシなどが葉を食害することもある。

ハムシやネキリムシ、ヨトウムシは見つけ次第捕殺する。ハムシが大量発生する前に、絶縁テープや布粘着テープなどを手に持ち、葉や茎にいるハムシに軽くテープを押しつけて捕獲していくとよい。

●ミツマタの特性を利用した新たな栽培方法の可能性

ミツマタは、標高1000m前後の斜面や半日陰でも栽培できること、密植することで下草を抑えられること、有毒であり獣害に遭いにくいこと、きれいな花が咲くため観賞用や景観維持に利用できること、種子で増やせるため多くの苗木を容易につくれること、複数年経った枝の靭皮繊維も利用できるなど、さまざまな特性がある。

ミツマタによる雑草の抑制

　そのため、獣害が多い山村の遊休地にミツマタを栽培することで、土地を有効利用できるのみでなく、荒れた場所を減らしながら景観を形成することができる。これまで、充分な管理ができない田畑にカキやクリ、ミカンなどの果樹が植えられることがあったが、果樹はシカやイノシシ、サルなどを呼び寄せ、そこを餌場にしてしまう側面があった。ミツマタを植えておくことで、動物が里地に近づく誘因を減らすことができる。

　また、スギやヒノキの植林は収益を得られるようになるまで数十年以上かかるため、ミツマタを一緒に栽培することで短期的な収益を確保するという方法もある。さらに下層植生をミツマタが覆うことで、下草刈りなどの作業を減らすことができるほか、土壌の流出も抑えられる。病気などが広がらなければ、ミツマタは放置しておいてもよく、管理の手間もほとんどかからない。

　近年、木質バイオマス発電などに利用するために皆伐された山が放置されることも多い。こうした山はもちろん、日照条件が悪く、獣害に遭いやすい場所でもミツマタは栽培できる。ハンノキなどのような、窒素固定で土を肥やし、都合よく日陰を作ってくれる木を一緒に植えてもよい。

　ミツマタは紙幣に用いられてきたが、国産原料が激減する中、原料の9割がネパールや中国産ミツマタになった。和紙産地の多くが輸入原料を用いるようになった一方で、紙漉き師自身による原料栽培も広がりつつある。またアイヌ文化を活かしたオヒョウニレを原料とする蝦夷和紙（札幌市）、消費者の注文に応じた内装用の唐津七山紙の開発（佐賀県唐津市）など、若手紙漉き師が、新たな原料の活用や和紙の開発に取り組んでいる。

　和紙原料の栽培に関する研究は、１９５０年代以降ほぼ行なわれておらず、植物分類学においてコウゾがカジノキとヒメコウゾの交雑種であるかどうかすら、結論は出ていない。コウゾやミツマタの栽培法についても、本書では入門的かつ一部試行段階にあるものを紹介したに過ぎない。原料の栽培法や加工、流通などについてもいまだ数多くの課題を抱えており、今後も和紙を大事に思う方たちとのつながりを活かしながら、畑に入り続けていきたい。

（田中　求）

ガンピを栽培する

●栽培法のあらまし

　ガンピは栽培が困難であるから、主として自然生のものを採集して使用している。明治時代になって、一時これを栽培することが流行したが、今日ではほとんど廃止され、生産量も極めて少ない。和歌山では、ガンピの絶滅を予防するため「止め山」という制度を設けて、ある年限の間、ガンピの伐採を厳禁している地域もあった。

　ガンピの栽培は種子を播種するのがよいといわれる。7月下旬から8月上旬頃開花するが、温暖な地方ではこれより早い。11月上旬に種子が成熟するから、これを採集して用いる。この熟否を調べるのは手に握り、実が直ちに離れる程度がよい。採集した種子は、藁袋類に包むか、砂と混ぜ温度および湿度の変化の少ない場所に埋蔵して置いて、翌春3月中旬から4月上旬になってから、水洗いして、浮種子を捨て、沈殿した良種を苗床に播種する。

　苗床は肥沃であり、乾湿適当な土地を選び、丁寧に整地し、肥料を施し、主枝を播き、浅く地を被せ、軽く踏み固めておく。発芽後は間引き、除草を行ない、夏の乾燥の時期には適宜に灌水し、根際に枯草などを置き乾燥を防ぐ。秋の末から翌年の発芽前の間に寒冷の時期を避けて、本畑に移植する。

　ガンピの種子を直ちに苗床に播きつける方法は、発芽後しばらくは霜の害を受けることがあるから、播きつけた上に藁や草類を隙間なく置き、翌春の霜が降りなくなってからこれを取り除く。1年を経過すれば、霜害の心配はなくなる。

　移植は梅雨前にするとよく、苗は必ず掘り取り、引き抜いてはならない。引き抜くと根の先が切れ、根皮が破れ、生長が遅くなる。

　伊豆でガンピを庭で栽培している人々に指導を受けたという人に、「山で生まれ育った植物は一度に平地に降ろすと根着きが悪い、いったん山地の畑等に移植し2、3年後に本植えするとよい」と聞き、これを実行した。

　発芽2年半の高さ30㎝前後の自生ガンピを丁寧に掘り採り、近くの民家の庭の隅に仮植えした。発芽4年目の春、環境が異なる土地に本植えした。

　a地……高さ5m程の杉の木の下。薄日が射し水はけも良い

　b地……1m前後のミツマタの株と株の間。直射日光が当たり、水はけも良い

　c地……枝が大きく拡がったカエデの木の下。水はけは良い

　d地……コウゾ畑の隅、夏の日当たりも水はけも良くない

　e地……建物の北側で南の陽は当たらないが、朝日と西日は

当たる。水はけは悪い

同一場所に数本植えたが、日当たりの少ないa、c、d地の若木は夏前に葉が水分を失っていた。bのミツマタの株の間に植えた若木は、1年間生きていたが、2年目に枯れた。植物の生長に最も悪い環境と思われるd地は、毎年花も付け生長して7年後には2mの高さまで生長したが、紙にする程の太さにならない。

この経験を基にガンピ栽培の方法を実現するため、ガンピの性質を再度研究し、野生の生育条件と今回本植えした場所の環境を検討した結果、ガンピ栽培には日当たりが良いこと、肥沃な土地は好まない、粘土質は根が生長しない、植え替えは彼岸前後がよいなどのことが判明した。

春の植え替え時期が来て、植え込みの管理を依頼している造園業者が赤花のミツマタを植え替えていたとき、上司が作業者に「この木は沈丁花の仲間だから根を大きく取れ、赤花のミツマタは珍しいから大事にやれ」と指示していた。その上司に、なぜ沈丁花は根を大きく取るのか尋ねたところ、「この仲間は根が少なく、遠くへ飛ぶ性質がある」と聞き、ガンピも同じジンチョウゲ科植物であるから非常に参考になった。

図書館でジンチョウゲ科植物の栽培法を読んでみると、移植は困難またはできないと記した文献も見られ、園芸書には、移植について、根は直根で小根がないから移植は失敗しやすいので、移植はしないほうがよいとあり、ガンピ栽培の難しさを改めて知った。現状では栽培は不可能と判断せざるを得ない。

初夏の白皮採取の時期に山に行き、ガンピを探していると、大きいガンピの側に小さなガンピがあり、その近くに今年発芽した幼苗がある。幼苗の周りを掘り、根の長さ、太さ、生長している方向を調べ、採取可能な幼苗の数量を確認して、幼苗によるガンピの栽培法を検討した。

発芽後半年の幼苗の根は幹と同じ位の太さ(直径2㎜前後)で、地上に出ている幹の部分と同じ程度(10㎝程)に長く、3~4本に分根して細根は少ない。土は栄養分の少ない粘土質の赤粒土であった。

苗を畑に移植しないで、鉢に生育地の土を入れ、これに幼苗を植え、家の庭の朝から陽の当たる南向きの土地に次のように鉢を置いた。

a　庭の土を5㎝程掘り、鉢ごと埋めた。これは冬の寒さ対策として行なう方法で、冬に向かう時期の植え替えに行なう方法と、造園業者から指導を受けた。小さい鉢(直径5㎝程)に苗木を一本一本植えた、苗木は15本。

b　小さい鉢に植えた幼苗を、そのまま南向きに5本を3列に密着させて置く。寒さ対策として鉢と鉢の空間に、園芸用土を充填した。苗木は15本。

c　大きい鉢(直径15㎝程)に幼苗3本を植え、2鉢そのまま置く。苗木は6本。

d　幼苗を庭に直接樹木を植えるように分散して植えた。苗木5本。

e　幼苗を庭に直接まとめて1カ所に植えた。苗木6本。

冬の間は落葉しているので、渇水に注意したが寒さ対策はほとんどしてない。春になると大きい鉢に植えた苗木の幹に水気がなくなり、すべて芽は出てこなかった。この鉢は寒さ対策もなく、地面に鉢が接していない。庭に直接一本一本植えた苗木も芽が出ないで枯れた。6本まとめて庭に植えた苗木も外側の3本が枯れた。この原因を考えると、枯れた3つの方法とも根は土に包まれているが、培養土が冷えやすい状態になっている。とくに大きな鉢は地面と接していないので、日中の日当たりはあっても、夜間の冷え込みで鉢全体が冷えてしまう。これが枯れた原因となると思われた。このことはガンピの栽培には日当たりが良いだけでなく、地熱があることが重要と思われた。

雁皮紙の産地であった熱海も修善寺も有名な温泉地である。現在も雁皮紙が生産されている場所で、雪が多く気温は低いが温泉が湧く越前、山中温泉がある金沢、有馬温泉に近い名塩、出雲の出雲雁皮紙など、ガンピと温泉地との結び付きが強く感じられる。

栽培実験に使った小さな鉢に植えた苗木は、温泉と無関係な山の中腹の畑に移植した。15年後の今日でも芽を出し生育はしているものの、太さは割り箸程度で高さは80㎝にも達していない。

ガンピ栽培の結論として、栽培はできるが、生長が極端に遅く年間の収穫量が少ないので、経済性を考えるとマイナス面が多く、天然ものを求めたほうが有利と断定した。

（宍倉佐敏）

引用・参考文献一覧

■田中 求 執筆分

●コウゾ　植物としての特徴／栽培

岡本省吾　１９７０年『標準原色図鑑全集樹木』　保育社

倉田益二郎　１９５０年『三椏・楮・桐の栽培』　アヅミ書房

総務省統計局　２０１７年『統計でみる都道府県のすがた』　日本統計協会

高知県牧野植物記念財団　２００９年『高知県植物誌』　高知県

Chi—Shan Chang，Hsiao—Lei Liu，Ximena Moncadac，Andrea Seelenfreundd，Daniela Seelenfreunde and Kuo—Fang Chung，2015.A holistic picture of Austronesian migrations revealed by phylogeography of Pacific paper mulberry, PNAS, 112 (44) 13537-13542, National Academy of Sciences of the United States of America,pp.

外山三郎・山路木曾男　１９４８年「挿木法による楮苗木の養成」『日本林學會誌』(27)１〜12・(28)６　一般社団法人日本森林学会

中條幸　１９５０年「カジノキ・コウゾ・ツルコウゾ」日本林學會誌、(32)10

農林省高岡農事改良実験場　１９５０年『製紙原料の栽培』

農林大臣官房統計課　１９２６年『大正十三年第一次農林省統計表』　農林省

林弥生・古里和夫・中村恒雄　１９８７年『原色樹木大図鑑』　北隆館

牧野富太郎　２００８年『新牧野植物圖鑑』　北隆館

三上常夫・川原田邦彦・吉澤信行　２００９年『日本の樹木』　柏書房

邑田仁・米倉浩司編　２０１３年『ＡＰＧ原色牧野植物大図鑑Ⅱ(グミ科〜セリ科)』　北隆館

柳橋眞　２０１４年「和紙は、いつ頃から作りはじめたのでしょうか」『和紙の手帖』(全国手すき和紙連合会編)　全国手すき和紙連合会

八坂書房編　２００１年『日本植物方言集成』　八坂書房

渡邊高志・ロギール・アウテンボーガルト・村井亮介・南基泰・松田時宜　２０１４年「ソハヤキ植物要素区系における和紙原料『楮』の葉の形態的差違とその起源に関する地理情報システムＧＩＳ応用研究」『高知工科大学紀要』(11)１

●ミツマタ　植物としての特徴／栽培

池田寿　２０１０年「文書料紙としての三椏紙」『紙素材文化財(文書・典籍・聖教・絵図)の年代推定に関する基礎的研究』(富田正弘)科学研究費補助金成果報告書　富山大学

稲岡耕二　２００６年『萬葉集(三)』　明治書院

大蔵省印刷局　１９６７年『みつまた密植栽培に関する試験』　大蔵省印刷局

大蔵省印刷局　１９６８年『みつまた密植栽培の手引き』　大蔵省印刷局

大橋広好・門田裕一・木原浩・邑田仁・米倉浩司編　２０１７年『改訂新版日本の野生植物４アオイ科〜キョウチクトウ科』　平凡社

小林良生　１９８８年『和紙周遊―和紙の機能と源流を尋ねて―』　ユニ出版

徳島県農林水産部林業課　１９９５年『みつまた栽培の手引き』　徳島県農林水産部林業課

農林省高岡農事改良実験場　1950年「製紙原料の栽培」 高知県経済部紙業課
農林省大臣官房統計課　1936年「昭和十年第十二次農林省統計表」 農林省
福井勝義　1974年『焼畑のむら』 朝日新聞社
牧野富太郎　2008年『新牧野植物圖鑑』 北隆館
八坂書房編　2001年『日本植物方言集成』 八坂書房

■宍倉佐敏 執筆分

●植物繊維／和紙／手漉き

朝日新聞社編　1978年『朝日百科　世界の植物』 朝日新聞社
朝日新聞社編　1986年『和紙事典　シリーズ紙の文化I』 朝日新聞社
朝日新聞社編　1984年『樹の事典』（朝日新聞社編） 朝日新聞社
安部栄四郎　1992年『紙漉き七十年』 アロー・アート・ワークス
荒木豊三郎　1972年『日本古紙幣類鑑』 思文閣出版
飯島太千雄　1994年『王朝の紙』 毎日新聞社
E・スヨストローム・近藤民雄訳　1983年『木材化学　基礎と応用』 講談社
飯山賢治ほか　1999年『イネワラのアルカリ蒸解過程における脱シリカと脱リグニン挙動との速度論的比較』 紙パルプ技術協会(53)11
池田秀男　1974年『和紙年表』 三茶書房
伊東秀三　1994年『島の植物誌』 講談社
上島有　2000年『中世の紙の分類とその名称』 私家版
上山春平　1995年『照葉樹林文化』 中公新書
宇都宮貞子　1982年『植物と民族』 岩崎美術社
遠藤忠雄　2002年『紙の手技』 笹気出版
大蔵省印刷局編　1971年『大蔵省印刷局百年史第二巻』 大蔵省印刷局
大野泰雄・広田益久　1986年『はじめての綿つくり』 木魂社
岡島三郎・右田信彦　1989年『紙と天然繊維』 大日本図書
片倉信光　1988年『白石和紙　紙布　紙衣』 慶友社
紙パルプ技術協会編　1969年／1976年『クラフトパルプ・非木材パルプ』 紙パルプ技術協会
紙パルプ技術協会編　1996年『クラフトパルプ』 紙パルプ技術協会
木原芳次郎・中原彦之蒸　1932年『繊維植物』 共立出版
工藤祐司　1993年『方泉處』 東洋鋳造紙幣研究所
宮内庁　1970年『正倉院の紙』 日本経済新聞社
国東治兵衛　1798(寛政10)年「紙濾重宝記」『日本農書全集第53巻　農産加工4』（柳橋眞・佐藤武司解題） 農文協
久米康生　1995年『和紙文化辞典』 わがみ堂

久米康生　1994年『彩飾和紙譜』　平凡社
久米康生　1986年『和紙の文化史』　木耳社
久米康生　1990年『和紙文化誌』　朝日コミュニケーションズ
久米康生　2000年「中世武家社会の紙」『和紙文化研究』（8）
久米康生　1994年『美濃紙の伝統』　美濃市役所編
久米康生　2001年「近世町人社会の紙」『和紙文化研究』（9）
国立史料館編著　1993年『江戸時代の紙幣』　東京大学出版会
小林嬌一　1986年『紙の今昔』　新潮選書
小宮英俊　1992年『紙の文化誌』　丸善ライブラリー
佐伯勝太郎　1936年『本邦製紙業管見』　特種製紙
佐伯勝太郎　1909(明治42)年『製紙　原質論』　印刷局抄紙部研究会
榊莫山　1984年『文房四宝　紙の話』　角川書店
榊原彰　1983年『木材の秘密』　ダイヤモンド社
宍倉佐敏　2006年『和紙の歴史　製法と原材料の変遷』　印刷朝陽会
宍倉佐敏　2011年『必携　古典籍・古文書料紙事典』　八木書店
寿岳文章　1978年『日本の紙』　吉川弘文館
寿岳文章　1980年『和紙の旅』　芸艸堂
寿岳文章　1947年『平日抄』　靖文堂
寿岳文章　1976年『和紙落葉抄』　湯川書房
関彪　1934年『支那製紙業』　誠心堂
関義城　1976年『手漉紙史の研究』　木耳社
関義城　1975年『古今紙漉紙屋図絵』　木耳社
関義城　1954年『古今和紙譜』
関彪　1934年『支那製紙業』　誠心堂
銭存訓　「紙と印刷」『中国科学技術史』　第一冊　科学出版社・上海古籍出版社
相馬太郎　1997年『紙の世界』　講談社
曽我部静雄　1951年『紙幣発達史』　印刷庁
染織り生活社編　1984年「特集　世界の麻、日本の麻」『染色アルファ』（41）　染織り生活社
染織と生活社編　1983年『月刊　染色α（アルファ）』（7）　染織と生活社
ダート・ハンター・樋口郁夫訳　1992年『紙と共に生きて』　図書出版社
太陽編集部　1982年『別冊太陽　和紙』　平凡社
高尾尚忠　1994年『紙の源流を訪ねて』　室町書房
竹内淳子　1995年『草木布Ⅰ・Ⅱ』　法政大学出版局

竹田四郎　１９７６年『東海道宿場札図録』　駿河古泉会
丹下哲夫　１９７８年『手漉和紙の出来るまで』（私家版）
中島今吉　１９４６年『最新和紙手漉法』　丸善出版
西本俊三　１９９８年『伊勢型紙を生きる』　日本繊維新聞社
西山孝司・小林千鶴　１９９６年『土佐派の家　パートⅡ「技と恵」』　ダイヤモンド社
潘吉星・佐藤武敏訳　１９８０年『中国製紙技術史』　平凡社
非木材普及協会編　１９９７年『非木材紙関連用語の知識』　非木材普及協会
富士市立博物館編　１９８９年『富士川水系の手漉和紙』　富士市立博物館
藤田貞雄　１９９５年『杉原紙』　加美ふるさと塾編
平凡社編　１９９１年『世界有用植物事典』　平凡社
前川新一　１９９８年『和紙文化年表』　思文閣出版
増井一平監修　１９９８年『日本の型紙』　織研新聞社
町田誠之　１９８４年『和紙の伝統』　駸々堂
町田誠之　２０００年『和紙の道しるべ』　淡交社
町田誠之　１９８８年『紙と日本文化』　日本放送出版協会
町田誠之　１９９４年『和紙つれづれ草』　平凡社
町田誠之　１９８１年『和紙の風土』　駸々堂
水上勉　２００１年『竹を漉く』　文春新書
室井綽　１９７９年『竹の記』　鳩の森書房
室井綽　１９８８年『竹を知る本』　地人書館
森本正和　１９９５年『非木材繊維の基礎と応用』　森本正和セミナーテキスト
森本正和　１９９９年『環境の21世紀に生きる非木材資源』　ユニ出版
柳橋真　１９８２年『和紙　風土・歴史・技法』　講談社
山本信吉・宍倉佐敏　２００４年『中世和紙の調査研究』　特種製紙株式会社
山本信吉　２００４年『古典籍が語る―書物の文化史―』　八木書店
山本和　１９７８年『暮らし紙』　木耳社
山本和　１９８４年『紙の歳時記』　木耳社
吉井源太　１９７６年『日本製紙論』　アロー・アート・ワークス
渡辺勝二郎　１９９２年『紙の博物誌』　出版ニュース社

の産地一覧

都道府県	和紙名	よみ	用途	所在地
三重県	伊勢和紙	いせわし	神宮大麻用紙・神宮暦用紙	三重県伊勢市大世古
三重県	深野和紙	ふかのわし	障子紙	三重県松阪市飯南地区
奈良県	吉野和紙	よしのわし	宇陀紙、美栖紙、吉野紙、草木染和紙	奈良県吉野郡吉野町
京都府	黒谷和紙	くろたにわし	楮紙・小判・便箋用紙・特厚美術紙・民芸紙・版画用紙・札紙・はがき・書道用紙・染紙・雲龍紙・文庫紙・封筒原紙	京都府綾部市黒谷町
京都府	丹後和紙	たんごわし	書道用紙・染紙・漆こし紙	京都府福知山市大江町二俣
和歌山県	山路紙	さんじがみ	手すき楮紙	和歌山県田辺市龍神村
和歌山県	高野紙	こうやがみ	傘紙	和歌山県伊都郡九度山町
和歌山県	保田和紙	やすだわし	書画の民芸紙・色紙・用箋	和歌山県有田郡有田川町清水
兵庫県	淡路津名紙	あわじつながみ	楮紙	兵庫県淡路市長澤
兵庫県	神戸和紙	こうべわし	ちぎり絵用和紙	兵庫県神戸市 中央区
兵庫県	杉原紙	すぎはらがみ	杉原紙	兵庫県多可郡多可町加美
兵庫県	ちくさ雁皮紙	ちくさがんぴし	ちくさ雁皮紙・かな料紙・文化財補修紙・銅版画用紙	兵庫県宍粟市千種町
兵庫県	名塩和紙	なじおかみ	間似合紙・金箔打原紙・鳥の子紙	兵庫県西宮市塩瀬町名塩
岡山県	樫西和紙	かしにしわし	各種民芸紙	岡山県真庭市樫西
岡山県	備中和紙	びっちゅうわし	鳥の子紙・各種民芸紙	岡山県倉敷市水江
岡山県	横野和紙	よこのわし	箔合紙・各種民芸紙	岡山県津山市上横野
広島県	大竹和紙	おおたけわし	障子紙・鯉紙・雲龍紙・封筒・はがき	広島県大竹市防鹿
島根県	出雲民芸紙	いずもみんげいし	三椏紙・雁皮紙・楮紙・ワラ紙	島根県松江市八雲町
島根県	石州和紙	せきしゅうわし	石州半紙・石州和紙・画仙紙	島根県浜田市三隅町
島根県	斐伊川和紙	ひいかわわし	楮紙・三椏紙・雁皮紙	島根県雲南市三刀屋
島根県	広瀬和紙	ひろせわし	三椏紙・楮紙・雁皮紙・ワラ半紙	島根県安来市広瀬町
鳥取県	因州和紙	いんしゅうわし	画仙紙・楮紙・三椏紙・書道半紙・大麻紙・日本画紙・民芸紙・染色紙・和紙加工品	鳥取県鳥取市青谷町・佐治町
山口県	徳地和紙	とくじわし	障子紙・書道用紙・工芸加工品	山口県山口市徳地
愛媛県	伊予和紙	いよわし	川之江半紙・改良半紙・三椏紙・書画用紙	愛媛県四国中央市金生町
愛媛県	大洲和紙	おおずわし	提灯紙・楮紙・泉貨紙・改良紙・書道半紙	愛媛県内子町重松／西予市野村町
愛媛県	周桑和紙	しゅうそうわし	奉書紙・画仙紙・折手本用紙・檀紙	愛媛県西条市国安
高知県	土佐和紙	とさわし	楮紙・表具用紙・美術工芸紙・書道用紙・色紙・短冊・障子紙・雁皮紙・麻紙・卒業証書用紙・図引紙・典具帖紙・奉書紙・版画用紙・須崎半紙	高知県土佐市高岡町／いの町／津野町葉山／仁淀川町吾川地区／黒潮町／檮原村
徳島県	阿波和紙	あわわし	民芸紙・障子紙	徳島県吉野川市山川町／三好市池田町白地
徳島県	拝宮和紙	はいぎゅうわし	—	徳島県那賀町拝宮
福岡県	八女和紙	やめわし	表装紙・民芸紙・画仙紙・灯篭紙・版画紙・目貼紙	福岡県八女市柳瀬／筑後市溝口
大分県	竹田和紙	たけだわし	和紙一般	大分県竹田市吉田
大分県	弥生和紙	やよいわし	障子紙、傘紙、奉書紙	大分県佐伯市弥生
佐賀県	重橋和紙	じゅうばしわし	包装紙・書道半紙・京華紙	佐賀県伊万里市南波多町
佐賀県	名尾和紙	なおわし	障子紙・提灯紙・はがき・封筒セット・色紙・名刺	佐賀県佐賀市大和町名尾
熊本県	水俣和紙	みなまたわし	民芸紙、壁紙、未利用資源を使った紙等	熊本県水俣市袋
熊本県	宮地和紙	みやじわし	障子紙	熊本県八代市宮地
宮崎県	美々津和紙	みみつわし	障子紙・書道用紙・はがき・封筒等	宮崎県日向市美々津町
鹿児島県	さつま和紙	さつまわし	和紙、はがき、便箋、タペストリー、明かり、一輪挿し、和紙皿	鹿児島県姶良市三拾町
沖縄県	琉球和紙	りゅうきゅうし	芭蕉紙	沖縄県那覇市首里儀保町

手すき和紙

都道府県	和紙名	よみ	用途	所在地
北海道	笹紙	ささがみ	葉書・名刺	北海道雨竜郡幌加内町
北海道	富貴紙	ふきがみ	はがき・便箋・名刺・短冊・封筒	北海道釧路市音別町
岩手県	東山和紙	とうざんわし	民芸紙・画仙紙・障子紙	岩手県一関市東山町
岩手県	成島和紙	なるしまわし	和紙	岩手県花巻市東和町東成島
秋田県	十文字和紙	じゅうもんじわし	美濃紙・条幅紙	秋田県横手市十文字町
宮城県	白石和紙	しろいしわし	襖紙・障子紙・厚紙等	宮城県白石市鷹巣
宮城県	丸森和紙	まるもりわし	障子紙・表具紙	宮城県伊具郡丸森町
宮城県	柳生和紙	やなぎうわし	色紙・包装紙・人形用紙・賞状用紙・障子紙・はがき・しおり・便箋・書道用紙	宮城県仙台市太白区
福島県	上川崎和紙	かみかわさきわし		福島県二本松市上川崎
福島県	遠野和紙	とおのわし	障子紙	福島県いわき市遠野町
福島県	山舟生和紙	やまふにゅうわし	和紙	福島県伊達市梁川町
山形県	月山和紙	がっさんわし	和紙	山形県西村山郡西川町
山形県	高松和紙	たかまつわし	和紙（大奉）	山形県上山市高松
山形県	長沢和紙	ながさわわし	大判和紙・加工用紙・賞状紙・名刺・染色紙	山形県最上郡舟形町長沢
山形県	深山和紙	みやまわし	障子紙	山形県西置賜郡白鷹町深山
新潟県	小国和紙	おぐにわし	純楮紙	新潟県長岡市小国町
新潟県	門出和紙	かどいでわし	純楮紙	新潟県柏崎市高柳町門出
新潟県	小出和紙	こいでわし	純楮紙	新潟県東蒲原郡阿賀町小出
栃木県	烏山和紙	からすやまわし	賞状用紙・版画用紙・民芸紙	栃木県那須烏山市中央
茨城県	五介和紙	ごすけわし	楮紙・西ノ内	茨城県常陸大宮市山方
山梨県	西嶋和紙	にしじまわし	画仙紙・半紙	山梨県南巨摩郡身延町西嶋
群馬県	桐生和紙	きりゅうわし	絵画用紙・版画用紙・障子紙・賞状用紙・工芸紙	群馬県桐生市梅川
埼玉県	小川和紙	おがわわし	細川紙・楮紙・賞状用紙・工芸紙・画材・文庫	埼玉県比企郡小川町／秩父郡東秩父村
東京都	軍道紙	ぐんどうし	大判・小判・はがき・名刺・短冊	東京都あきる野市乙津
静岡県	駿河柚野紙	するがゆのがみ	駿河柚野紙	静岡県富士宮市上柚野
長野県	内山紙	うちやまし	障子紙・かな料紙・紙加工品・台帳用紙・提灯紙・植物漉き込み民芸紙	長野県飯山市瑞穂／下水内郡栄村北信／野沢温泉村
岐阜県	山中和紙	さんちゅうわし	民芸紙・膏薬紙	岐阜県飛騨市河合村
岐阜県	美濃和紙	みのわし	手工芸紙・ちぎり絵用紙・宇陀紙・薄美濃紙・森下紙・型紙原紙・箔入紙・稲紙・表具用紙・民芸紙・染紙・版画用紙・改良書院紙・美術紙・紙のれん・雲龍紙・本美濃紙・在来書院・提灯紙・傘紙・写経用紙・はり絵用紙・箔合紙・絹綿紙・雁皮紙	岐阜県美濃市蕨生
富山県	越中和紙	えっちゅうわし	楮染紙・楮紙・加工品・型染紙・書院紙・提灯紙・文化財補修紙・美術工芸紙・書画用紙	富山県富山市八尾町鏡町／富山県南砺市東中江／富山県下新川郡朝日町蛭谷
石川県	加賀雁皮紙	かがかんぴし	書道紙、版画紙、表彰状などの永久保存紙、リトグラフ紙	石川県白山市中島町
石川県	加賀二俣和紙	かがふたまたわし	美術工芸紙・箔打紙・加賀奉書	石川県金沢市二俣町
石川県	能登仁行和紙	のとにぎょうわし	画仙紙・あすなろ皮紙	石川県輪島市三井町仁行
福井県	越前和紙	えちぜんわし	奉書紙・半紙・生漉・半草鳥の子・漉込奉書・生漉奉書・檀紙・画仙紙・小間紙・局紙・表装用紙・襖紙・出版用紙	福井県越前市大滝
福井県	若狭和紙	わかさわし	型染原紙・提灯紙・便箋・しぶ紙原紙・書道用紙・版画用紙	福井県小浜市和多田
滋賀県	なるこ和紙	なるこわし	日本画用紙、書道用紙	滋賀県大津市桐生
愛知県	小原和紙	おばらわし	美術工芸和紙	愛知県豊田市小原

《執筆者》

田中　求（たなか　もとむ）高知大学地域協働学部講師、博士（農学）、「和紙の力」再構築プロジェクト代表

宍倉 佐敏（ししくら　さとし）宍倉ペーパー・ラボ主宰、女子美術大学特別招聘教授、日本鑑識学会会員、紙の温度株式会社（名古屋市）技術顧問、元特種製紙総合技術研究所

冨樫　朗（とがし　ろう）愛知県豊田市和紙のふるさと館館長

《協力者》

鹿敷製紙株式会社（社長・濵田博正）
〒781-2134　高知県吾川郡いの町神谷214
電話　088-893-3270

澤村淳二（高知県立紙産業技術センター）
〒781-2128　高知県吾川郡いの町波川287-4
電話　088-892-2220

全国手漉和紙道具製作技術保存会（事務局　宮﨑謙一）
〒781-2128　高知県吾川郡いの町波川287-4　高知県立紙産業技術センター内電話　088-892-4170

全国手漉き和紙連合会
〒915-0232　福井県越前市新在家8－44　福井県和紙工業協同組合内
電話　0778-43-0875

「和紙の力」再構築プロジェクト」事務局
〒781-2325　高知県吾川郡いの町小川柳野1112

≪「和紙の力」再構築プロジェクト」のこと≫

近年、さまざまな和紙が多くの国々に流通するなかで、「和紙とは何か」ということがわかりにくくなっています。また農家は生産原料が紙になった姿を見たことがなく、紙漉き師はコウゾ畑に入ったことがなかったり、自分の紙が何に使われているのかわからず、利用者の声を聞いたことがないということも少なくありません。和紙の原料や加工法、生産者、紙の特徴などの詳細を説明できる販売店もほとんどありません。

本プロジェクトでは、原料生産・紙漉き・流通・販売・利用者間を橋渡しして、情報の共有や生産環境の改善、商品開発などを試みています。具体的には「多様な関係者の協働による原料生産方法の構築」「顔の見える和紙によるトレーサビリティ確立」「和紙原料の森づくり」「和紙＋舞台芸術」などを進めています。

本書刊行にあたり、各地の原料栽培農家、紙漉き師を始めとする多くの和紙関係者の方々にご協力いただきました。ここに記して感謝を表します。

地域資源を活かす　生活工芸双書

楮・三椏

こうぞ　みつまた

2018年 5月25日　第1刷発行

著者
田中 求
宍倉 佐敏
冨樫 朗

発行所
一般社団法人 農山漁村文化協会
〒107-8668　東京都港区赤坂7丁目6-1
電話：03（3585）1141（営業），03（3585）1147（編集）
FAX：03（3585）3668　振替：00120-3-144478
URL：http://www.ruralnet.or.jp/

印刷・製本
凸版印刷株式会社

ISBN 978-4-540-17115-4
〈検印廃止〉

装幀／高坂　均
DTP制作／ケー・アイ・プランニング／メディアネット／鶴田環恵
定価はカバーに表示　乱丁・落丁本はお取り替えいたします。